Inhalt

Einleitung

Umwelt – find' ich gut!

Die Umwelt und die Natur zu schützen ist inzwischen ein Anliegen, dem sich wohl kaum noch jemand verschließt. Für die Umwelt ist jeder – zumindest so lange, wie für ihren Schutz keine spürbaren persönlichen Einschränkungen hingenommen werden müssen.
Doch wird sich dies vielleicht in Zukunft ändern, da die Umweltprobleme nichts an Dramatik eingebüßt haben und jeder mehr oder weniger persönlich von den Auswirkungen betroffen ist. Tagtäglich erreichen uns durch alle Medien immer wieder neue Schreckensmeldungen über den Zustand unserer Umwelt. Die 'Altlasten' der vormaligen DDR sind da nur eine historische Randbemerkung in der allgegenwärtigen industriellen Großverschmutzung.
Somit ist eines ganz gewiß: wir Menschen müssen riesige Anstrengungen unternehmen, um unser altes Mütterchen Erde vor dem Kollaps zu retten.
Dieses so schnell wie möglich zu bewerkstelligen, ist eine Aufgabe der Erwachsenen von heute und sicherlich nicht der Kinder. Warum dann Umwelterziehung mit Kindern?

Warum Umweltarbeit mit Kindern?

Richtig ist, daß eine schnelle und umfassende Verbesserung der Umweltsituation nicht durch Erziehung von Kindern erreicht werden kann. Deswegen ist aber die umwelterzieherische Arbeit mit Kindern nicht unbedeutend für unsere zukünftige Umweltsituation.
Die Kinder von heute sind die Erwachsenen von morgen. Deshalb sollte von früh an ein aktiver und liebevoller Umgang mit der Natur gesucht werden. Es sollte von früh an für Verständnis und Ehrfurcht der Natur gegenüber geworben werden. Verbunden ist damit die Hoffnung, daß die Kinder später nicht die gleichen Fehler wie die Erwachsenen machen, sondern sich gegen eine umweltverschmutzende Politik 'von oben' zur Wehr setzen. Immer mehr Eltern, Erzieher und Lehrer haben den Wunsch, genau in diesem Sinne tätig zu werden. Leider gibt es aber gerade für Vor- und Grundschulkinder kaum entsprechendes altersgemäßes Material, welches ihnen bei dieser Arbeit helfen kann.

Knud – der Umweltfreund

Um dieser Misere abzuhelfen, hat Henrike Hoffrage während ihrer Grundschulreferendarzeit im Rahmen eines Umweltprojektes die Puppe ‚Knud' erfunden und mit Erfolg eingesetzt. Aus dieser Arbeit ist inzwischen auch eine Unterrichtseinheit zum Thema Müll für die ersten beiden Grundschuljahrgänge enstanden.
Die Erfahrung, daß Kinder von einer Puppe auch im Kindergarten auf sehr spielerische und altersgemäße Weise für die Anliegen der Umwelt sensibilisiert werden können, bestätigte sich sehr eindrucksvoll in mehreren großen Umweltprojekten, die Fredon Salehian und Uschi Sander im Vorschulbereich durchgeführt haben.

Knud als Leitfigur für umweltfreundliches Verhalten

* Knud regt die Fantasie der Kinder an und kann das Interesse der Kinder an Umweltthemen wecken und aufrechterhalten.
* Knud ist für die Kinder ein attraktiver Lernanreiz. Wird Knud auf spielerische Weise in den Kinderalltag integriert, wird dieser Lernanreiz noch verstärkt.

Henrike Hoffrage, Fredon Salehian, Uschi Sander

Stutzen, Staunen, Stöbern

Spiele mit Knud dem Umweltfreund

Lieder: Gabi Zibret
Illustration: Gabi Höppner

Ökotopia Verlag, Mün

Impressum

AutorInnen:
Henrike Hoffrage
Uschi Sander
Fredon Salehian

Illustration und Gestaltung:
Gabi Höppner

Titelgraphik:
Henrike Hoffrage

Fotos:
Bernd Wirth
Uschi Sander

Druck:
Druckwerkstatt, Münster

Satz und Herstellung:
SATZWERKSTATT Dieter Lehnert, Münster

Idee des Gesamtkonzeptes: Knud als Leitfigur zur Umwelterziehung:
Henrike Hoffrage

Wie wird Knud lebendig – Tips und Tricks von:
Christine Tschötschel

Ganz herzlich möchten wir allen kleinen und großen Umweltfreunden in Münster danken, die uns durch ihre Begeisterung bei der Erstellung dieses Buches wesentlich mitgeholfen haben.

CIP-Titelaufnahme der Deutschen Bibliothek

Stutzen, Staunen, Stöbern: Spiele mit Knud dem Umweltfreund/
H. Hoffrage...Ill.: G.Höppner. – Münster: Ökotopia-Verl., 1991
& 1 Puppe
ISBN 3-925169-28-8
NE: Hoffrage, Henrike: Höppner, Gabi

Dieses Buch wurde auf garantiert chlorfreiem, umweltfreundlichem Papier gedruckt. Im Bleichprozeß wird statt Chlor Wasserstoffperoxid eingesetzt. Dadurch entstehen keine hochtoxischen CKW(Chlorkohlenwasserstoff)-haltigen Abwässer.

* Knud ist eine Gedächtnishilfe, die die Kinder animiert, gemeinsame Umweltaktivitäten mit den damit verbundenen Gefühlen, Eindrücken und dem vermittelten Wissen zu erinnern.
* Knud ist ein Partner und kein besserwisserischer Moralapostel, der von den Kinder gleichermaßen als kompetentes und unwissendes Naturwesen anerkannt wird.
* Vor allen Dingen ist Knud als Puppe ein altersgemäßes Medium für eine aktive Auseinandersetzung der Kinder mit der Umwelt.

Spielen mit Knud

Nicht jeder Erwachsene hat Erfahrung im Puppenspiel. Diesen Menschen soll das Kapitel 'Wie wird Knud lebendig?' eine Hilfe sein. Auf anschauliche Weise wird dort in die Grundlagen des Spiels mit einer Puppe eingeführt.
Gleichermaßen finden sich in den verschiedenen Spieleinheiten immer wieder Hinweise, um Knud – nicht nur im Dialog – ins (Umwelt-) Spiel zu bringen. Diese Anregungen sind alle erfolgreich erprobt, doch sollte sich niemand stur daran halten. Sie sind als Impulse zu verstehen, um einen eigenen Spielstil mit der Puppe Knud zu entwickeln, weil dieser immer der glaubwürdigste sein wird.

Spiele mit Knud

Das Buch enthält eine Fülle von Ideen, Knud ins Spiel zu bringen. Darüber hinaus hoffen wir, daß dieses Buch alle anregt, neue Umweltspiele mit Knud und den Kindern zu entwickeln. Dies gelingt oft dadurch, daß eine Spielidee genommen und mit anderen Inhalten gefüllt wird oder mit einer anderen Geschichte vorgestellt wird.
Außerdem lebt Knud nicht nur in diesem Buch im Zusammenhang mit den vorgestellten Ideen. Die Kinder beziehen Knud ohne Schwierigkeiten in ihren sonstigen Alltag mit ein.
Schließlich bleibt noch die Möglichkeit, einige der Spiele als Spielideen ohne Knud aufzugreifen.

Wasser, Wald und Müll – der praktische Umgang mit dem Buch

Bevor die Kinder zusammen mit Knud auf Umweltstöberreise gehen, müssen sie ihn erst einmal kennenlernen. Erleichtert wird dies durch seine schöne Bildergeschichte ‚Ich bin Knud'. Sie bietet einen attraktiven Einstieg für die Kinder, Knud näher zu kommen und ihm Fragen zu stellen.
Außerdem ergeben sich durch die Bildergeschichte inhaltliche Anknüpfungspunkte zu den Themen Wasser, Wald und Müll.
Wir haben diese drei Themen ausgewählt, weil die Kinder sie in ihrem Alltag (be)greifbar wiederfinden können. Jeder Themenbereich wird mit einem Text eingeleitet, der den Erwachsenen einen inhaltlichen Überblick zur ersten Orientierung gibt. Daran schließen sich verschiedene Spielideen an. Welche dieser Spielideen letztlich genutzt werden, hängt von Ihrer eigenen Planung ab. Sie können eine oder alle Spielideen benutzen. Wohl zieht sich ein roter Faden durch die verschiedenen Aktionen, aber die Einzelspiele sind eigenständig genug, so daß sie auch nur für sich gespielt werden können. Die jeweils erste Spielidee der drei inhaltlichen Bereiche ist als Einstieg in das jeweilige Thema besonders gut geeignet.
Schließlich befindet sich am Ende des Buches ein Verzeichnis über Sachbücher, Spiele und Bestimmungsbücher, die eine Hilfestellung zur umfassenden Erarbeitung eines Inhaltes sein können.

Symbolerklärungen

In diesem Buch erscheinen Knud oder die Spielleitung stets im Rahmen von Spielgeschichten. Ob es eine Wasserreise oder ein Besuch bei den Waldgeistern bzw. den Müllmonstern ist, immer wird etwas erzählt, erklärt oder Dialoge geführt. Damit deutlich wird, ob die Spielleitung oder Knud etwas sagt, tauchen folgende Symbole immer wieder auf.

 Immer wenn Knud mit den Kindern oder der Spielleitung spricht, erscheint dieses Symbol.

 Immer wenn die Spielleitung mit Knud oder den Kinder spricht, ist dieses Symbol vorangestellt.

 Spielleiterhinweis
Die Materialangaben und Vorbereitungshinweise für die einzelnen Spiele sind in der Regel an Ort und Stelle beschrieben. Nur bei besonderen Hinweisen für die Spielleitung taucht dieses Symbol auf.

 An einigen Stellen wird in Anschluß an eine Geschichte oder ein Spiel eine vertiefende Sacherklärung gegeben. Solche sind mit diesem Symbol gekennzeichnet.

Wie wird Knud lebendig?

– Tips und Tricks

Mit Knud dem Umweltfreund kann man hervorragend spielen – wie es Kinder mit ihren Schmusetieren und Puppen tun.
Kinder nehmen Knud sehr gerne und sehr schnell als Figur an, besonders dann, wenn Knud wie eine Theaterfigur lebendig wird.
Das ist gar nicht so schwer. Ein paar Tips sollen all denjenigen helfen, die sich in der Bewegung einer Spielfigur üben möchten.
Je nachdem, wie Sie die Puppe handhaben, werden Sie schnell erleben, wie Knud zu einem eigenständigen Wesen wird.
Lassen Sie sich nicht einschüchtern, wenn die Kinder zu Anfang sagen: „Das machst du ja, du bewegst Knud". Je mehr Sie Ihr Spiel auf der Bewegung aufbauen und nicht auf der Sprache, umso eher wird Knud selbständig spielen, Faxen machen, erzählen...

Der Spielort

Wo befindet sich Knud, bevor er auftaucht? Sitzt er unter Ihrem Hut, in der Jacken- oder Hosentasche, in einem mitgebrachten Korb, einer Tasche, unter dem Stuhl oder im Bücherregal...?
Wählen sie eine Möglichkeit, die Sie geeignet finden bzw. eine, die es Ihnen leicht macht, alle Aufmerksamkeit auf Knud zu lenken, wenn er in Erscheinung tritt.
Die Aufmerksamkeit und Konzentration der Zuschauer sollte ganz auf Knud gerichtet sein. So wird er schnell als eigenständiges Wesen angenommen. Da Sie mit Ihrem Spiel diese Spannung erzeugen, die ein Zuschauer braucht, um aufmerksam zuschauen zu können, ist der Spielbeginn ein wichtiger Moment.

Der Spielbeginn

Wenn Sie Knud am Kopf haltend aus der Tasche ziehen, wird er lauthals oder schmerzwimmernd protestieren. Das wäre ein plötzlicher, überraschender Anfang.
Die etwas vorsichtigere Art wäre die, daß Knud sich ankündigt:
* die Jackentasche beult aus, ein Nachbar bemerkt das, dann alle Zuschauer;
* ihr Hut verrutscht und Sie rufen: „Laß das, Knud!";
* es juckt und krabbelt ständig unter Ihrem Kopftuch und Sie werden ganz nervös bis Sie endlich nachschauen;
* im Korb knistert es und Sie versuchen, die Störung zu beseitigen; dabei kommt Knud zum Vorschein.
Vielleicht taucht zunächst ein grüner Arm oder ein Bein auf und bewegt sich langsam wie ein Regenwurm aus dem Hut hervor, aus Ihrem Jackenärmel heraus.

Wichtig ist, daß Sie selber konzentriert unauffällig diese Vorgänge beobachten, auch wenn Sie wissen, wer sich dahinter verbirgt und Sie selber diese Bewegung in Gang setzen und steuern.
Als Naturwesen ist Knud Menschen gegenüber scheu, dennoch auch neugierig. Er schaut zunächst vorsichtig aus seinem Versteck, verschwindet dann wieder, bis er sich endlich ganz zeigt. Die Neugierde hat gesiegt. Knud will schließlich wissen wo er ist und was für merkwürdige Wesen um ihn herum sind.
Für Sie ist es wichtig, daß Sie sich selbst möglichst genau klarmachen: wie ist Knud und wie verhält er sich.

Wie ist die Spielfigur Knud?

Wenn Knud für die Zuschauer sichtbar ist, dann ist er ein eigenständiges Wesen. Er hat eine Stimme, seine Sprache, seine Bewegungen, seine Macken, Tricks..., und wenn er nicht gerade im Verlauf des Geschehens, des Spiels verschwindet, bleibt er stets präsent.
D.h., wenn Sie plötzlich husten oder ein Flugzeug Lärm verbreitet, wenn jemand zur Tür hereinkommt, einen dummen Kommentar macht oder etwas hinfällt, wird Knud reagieren. Wenn Knud schläft, ist er keineswegs leblos, sondern er atmet, d.h. er muß auch dann bewegt werden und kann nicht einfach beiseite gelegt werden – die ganze Illusion wäre hin.
Um Knuds Charakter und Bewegungen herauszufinden, hilft eine kleine Probe vor dem Spiegel, bei der Sie auch die Stimme für Knud finden können. Sie können natürlich auch direkt vor den Kindern kleine Spielszenen proben; die Kinder geben Ihnen schon Rückmeldung.

Wie bewegt sich Knud?

Knud braucht zunächst einen festen Untergrund, wenn er sitzen, stehen, liegen will. Da Sie keine Spielleiste wie beim Kasperletheater haben, können Sie Ihren Arm, Ihren Oberschenkel, eine Stuhllehne, den Hutrand, den Korb, die Schulter des Nachbarn o.ä. benutzen.
Damit hat Ihre Hand gleichzeitg eine Ablage und kann zwischendurch ausruhen. Wenn Sie keinen Untergrund wählen, müssen Sie sich darüber im Klaren sein, daß Knud ständig ein schwebendes oder fliegendes Wesen ist.

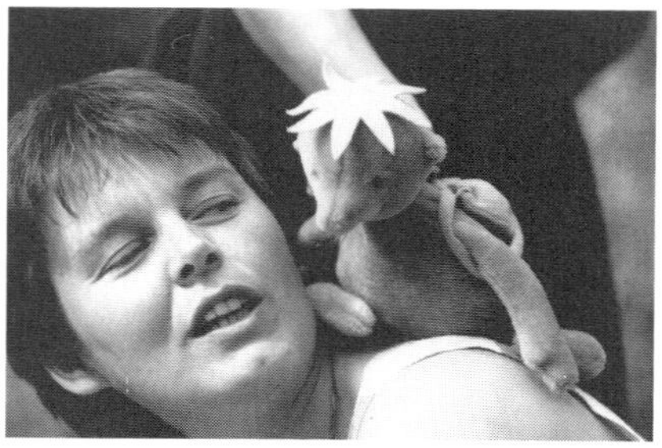
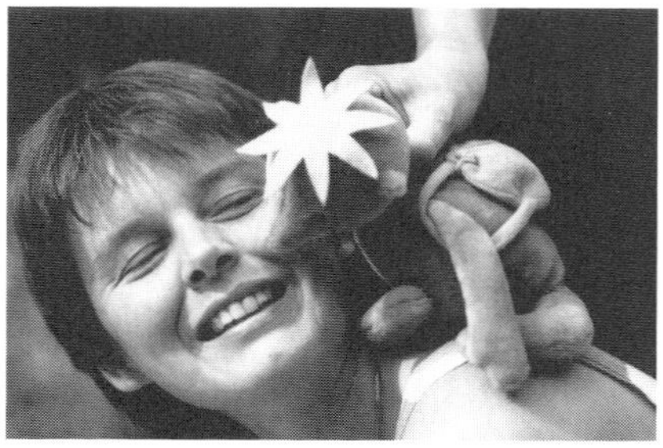

Das Laufen

Fassen Sie Knud beherzt mit der rechten oder linken Hand von hinten am Nacken, am besten zwischen Daumen, Mittelfinger und Ringfinger. Der Zeigefinger und der kleine Finger haben Steuerfunktion.
Lassen Sie Knud auf dem gewählten Untergrund einmal langsam, mal schnell, mal leicht, mal schwerfällig laufen, kriechen, hüpfen. Ihre Hand sollte dabei Knud für die Zuschauer (Spiegel) nicht verdecken. Dann setzt sich Knud und steht wieder auf.
Bei allen Bewegungen braucht Knud seinen eigenen Rhythmus (langsam oder schnell), er zappelt also nicht wahllos herum. Seine Bewegungen sind klar gegliedert. In jeder Situation vollzieht Knud eindeutige, klar erkennbare Handlungen, die dadurch zustande kommen, daß Sie gedanklich und spielerisch jegliches Verhalten in Abschnitte gliedern: Jetzt läuft Knud auf einem Ast; dann hält er inne; dann schaut er am Baumstamm hoch; dann entdeckt er den nächsten Ast und springt hoch.

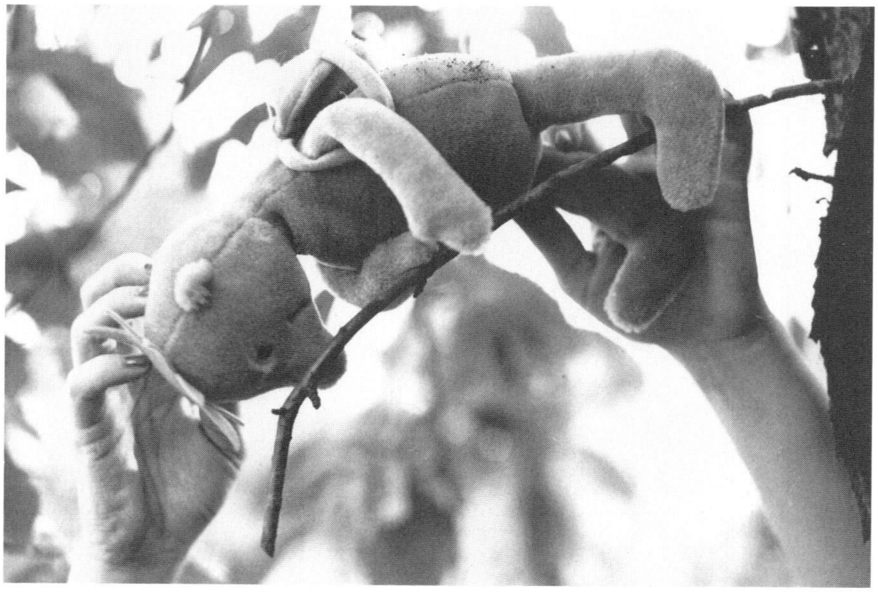

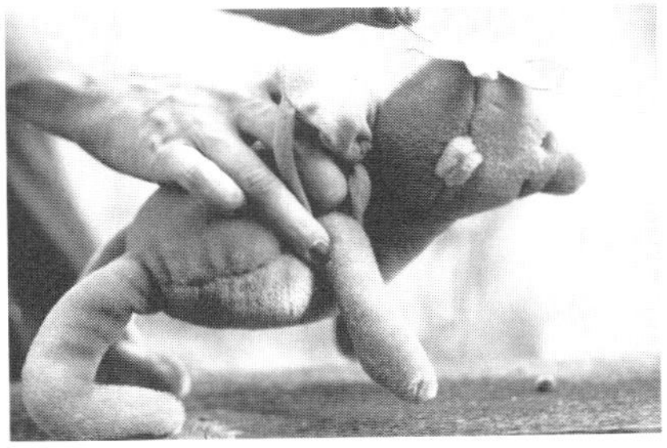

Körperbewegung

Sie glauben vielleicht gar nicht, was Knud alles kann: Er kann sitzen, stehen, liegen, auf allen Vieren kriechen, kann Spagat, Kopfstand, Luftsprünge, Purzelbäume machen, und, und, und. Ihnen wird sicherlich eine Menge einfallen.
Bewegen Sie Knud mal mit beiden Händen, mal nur mit einer Hand. Auch hier gilt: Trennen Sie jede Bewegung durch eine kleine Pause. Die Bewegung des Körpers, die durch den Rhythmus bestimmt wird, ist eine wichtige Sache, die Bewegung einzelner Gliedmaßen eine andere: z.B. streicht sich Knud mit der Hand über die Nase, dann fährt er sich über den Bauch, steht auf einem Bein...

Das Sehen, der Blick

Je deutlicher Knud einen Punkt fixiert, umso eher werden Ihre Zuschauer erkennen, wohin Knud schaut. Sie werden aufmerksam auf das, was Knud betrachtet. Natürlich kann Knud auch durch Sprache mitteilen: „Dort fliegt ein schöner Schmetterling“. Kein Kind wird Knud glauben, wenn er einen Stein anstatt des Schmetterlings fixiert. Der Schmetterling fliegt und Knud wird mit dem Kopf seinen Bewegungen folgen. Durch einen kleinen Ruck mit dem Kopf (durch eine Betonung) beenden Sie die Bewegung beim Schauen. Dann kann der nächste Punkt fixiert werden.
Und denken Sie daran: Spricht Sie ein Zuschauer an, dann wird auch Knud ihn anschauen.

Gefühle und Regungen

Knud ist kein mechanisches Wesen, sondern er kann sich freuen, kann neugierig sein, sich erschrecken, wütend werden, traurig sein.
Erst wenn Sie diese Empfindungen spielen, wird Knud richtig lebendig. Es gibt kein Patentrezept, wie Sie Gefühle in Bewegung umsetzen. Lassen Sie sich Zeit, und entwickeln Sie diese Empfindungen langsam. Beim Schreck vor einem riesigen Schuh, den Knud plötzlich entdeckt, kann er die Arme hochreißen. Wenn Knud aber dann neugierig wird, nähert er sich langsam, befühlt vorsichtig und dann erst forscher. Vielleicht freut sich Knud darüber, daß der Schuh ein wunderbarer Schlafplatz im Schilf oder ein Boot ist, erst dann wird er ärgerlich darüber, daß der Schuh ein Hindernis darstellt und die Menschen aus seinem Badestrand einen Müllplatz gemacht haben.
Wenn Knud sich freut, gibt es viele Nuancen, die Sie spielerisch erproben können: einen Luftsprung oder einen kleinen Hüpfer machen, sich in den Schuh legen und mit der Wange glückselig am Leder entlang streichen...
Knud kann nicht wie ein Mensch durch Gesichtsmimik Gefühle ausdrükken, er braucht seinen Körper dazu.

Die Sprache, die Stimme

Die Knudstimme sollte zu Knud passen. Verändern Sie einmal die Tonhöhe Ihrer Stimme, die Lautstärke, versuchen Sie es mit einer Sprachveränderung, indem Knud immer einen Buchstaben abgewandelt ausspricht.

Vielleicht spricht Knud mal erkältet oder nur Worte anstatt Sätze oder einfach eine Nonsenssprache.
Beim Sprechen bewegen Sie den Kopf von Knud im Sprachrhythmus, während er beim Zuhören nur ganz wenige, aufmerksame Bewegungen macht.
Grundsätzlich sollte folgender Tip beherzigt werden: die Sprache der Figur ist gegenüber der Bewegung immer etwas untergeordnet.

Der Dialog mit Knud

Beim Spiel werden Sie schnell merken, daß Sie sich selber gerne mit Knud unterhalten möchten, denn manche Dinge sagt oder macht er vielleicht ganz anders als Sie.
Es kann auch sein, daß Sie während des Spielverlaufs lieber als erwachsener Mensch mit den Kindern reden möchten, oder Ihnen fällt für die Rolle von Knud einfach nichts mehr ein, so daß Sie lieber die eigene Person sein möchten. Lassen Sie Knud dann nicht einfach fallen, sondern er kann ja zuhören, bis Sie der Meinung sind, daß seine Rolle wieder gefragt ist. Oft sorgen aber schon die Kinder mit Fragen oder Äußerungen dafür, daß Knud sich wieder ins Spiel bringt.
Das Wechselgespräch ist eine echte Herausforderung an Sie, da Sie ständig in zwei Personen schlüpfen, ständig Ihre Stimme verändern müssen. Das Wechselgespräch von Mensch und Knud hat jedoch seinen besonderen Reiz, da zwei ungleiche Partner miteinander umgehen.
Denken Sie daran, Knud ist kein Mensch. Er wird sich sicher auch anders als ein Mensch verhalten. Das macht ihn interessant und witzig. Je länger Sie spielen, umso mehr werden Sie die Möglichkeiten von Knud herausfinden.

Christine Tschötschel

Ich bin Knud

– eine Bildergeschichte

Hallo! Auf dem Bild dort, das bin ich. Ich bin Knud, der kleine grüne Umweltfreund! Ihr kennt mich nicht!? – Dann werde ich etwas von mir erzählen.

Wie alt ich bin und wo ich herkomme weiß ich nicht genau. Ich bin schon sehr lange auf der Welt und habe viel gesehen und erlebt. Da ich sehr neugierig bin, wandere ich viel durch die Welt und entdecke dabei ständig neue Geheimnisse und finde neue Freunde.

Ich bin oft im Wald!
Im Frühling ist es dort wunderschön. Ich atme die frische, duftige Luft, horche auf die summenden Insekten und staune über die vielen bunten Farben.

Im heißen Sommer verstecke ich mich unter den schattigen Bäumen vor der Sonne.

Und im Herbst geht's im Wald richtig rund: da mache ich mit meinen Freunden, den Waldbewohnern, tolle Blätterschlachten.

Im Winter – kurze Tage, eisige Kälte – ist wohl nicht viel los im Wald, werdet ihr denken. Und ob!

Meine Waldfreunde und ich erzählen uns den lieben langen Tag spannende, gruselige und auch lustige Waldgeschichten, ganz gemütlich und kuschelig bei der einen oder anderen Nußschale voll Holunderbeersaft.

Wenn ich müde bin, suche ich mir einen Schlafplatz. Das ist nicht schwer. Am liebsten mache ich es mir hoch oben in einem Baum in einer Mooswiege gemütlich.

Manchmal entdecke ich unterwegs Dinge, die ich nicht schön finde. Meine Waldfreunde erzählen mir, daß viele Bäume krank sind. Das liegt an der schmutzigen Luft und den Menschen, sagen sie.
Ich kenne einen Fluß, der ist so schmutzig, daß alle Fische darin krank werden.
Und häufig steige ich bei meinen Wanderungen über große, stinkende Berge, auf denen keine Pflanze wachsen kann.

Halt – noch etwas finde ich sehr spannend und aufregend: Ihr seht es auf dem Bild: – das Wasser! Ob Meer, Teich, Bach oder Fluß, ich habe viele Freunde dort.
Zu beneiden sind die Regentropfen, die lange Reisen machen! Wenn sie davon erzählen, bekomme ich große Lust, auch auf große Wasserreisen zu gehen. Vielleicht schaffen wir es mal alle zusammen.

Hättet ihr nicht Lust, mit mir neue Geheimnisse aufzustöbern?
Ich habe schon vieles von meinen Naturfreunden gelernt; das kann ich euch zeigen und erklären.
Und sicher kennt ihr viele Dinge, von denen ich noch nichts weiß.
Zusammen können wir so die Natur und unsere Umwelt auskundschaften, Singen, Tanzen, Stöbern, Staunen und viel Spaß haben.

Nachdem sich Knud mit seiner Bildergeschichte vorgestellt hat, fragt die Spielleitung Knud, ob die Kinder nicht seine Bilder bunt malen sollen, wo er doch bunte Farben über alles liebt. Knud ist von dieser Idee natürlich begeistert. Für den mehrmaligen Gebrauch empfiehlt es sich, vorab für jedes Kind eine Kopie der Bildergeschichte zu machen. Nach dem Malen bedankt sich Knud bei den Kindern für die schönen Bilder und schenkt ihnen sein Wanderlied: den Knudsong.

Text und Musik von Gabi Zibret

Der Knud-Song

2. Man, bin ich nervös und zapplig,
hab' ich was entdeckt.
Keine Frage, sofort wird
die Nase reingesteckt.
Witt're ich ein Abenteuer,
klar, ich bin dabei.
Zieh mit meinem Rucksack los,
ich zähl nicht mal bis drei.

Refr.: Was ich nicht weiß...

3. Wird es Frühling überall,
na klar, dann auch im Wald.
Dann geh' ich ganz viel spazieren,
ist es auch noch kalt.
Wenn im Sommer, dann die Sonne
scheint auf mein Gesicht,
kriech' ich unter hohe Bäume,
denn dort brennt sie nicht.

Refr.: Was ich nicht weiß...

4. Im Herbst machen wir im Wald
'ne tolle Blätterschlacht.
Alle Freunde machen mit,
und es wird viel gelacht.
In den kalten Winternächten
haben wir viel Spaß.
Erzählen uns dann Waldgeschichten
und noch dies und das.

Refr.: Was ich nicht weiß...

5. Wollt ihr wissen, wo ich gerne bin,
an welchem Ort?
Überall, wo Wasser ist,
mal hier, mal da, mal dort.
Wasser find' ich supergut,
es zieht mich magisch an,
weil man damit soviel
tolle Dinge machen kann.

Refr.: Was ich nicht weiß...

6. Ach, wie wär' das schön,
wenn ich ein Wassertropfen wär',
dann könnt' ich 'ne Reise machen,
quer durchs ganze Meer.
Und von einer Wolke
könnte ich dann auf euch seh'n
und vergnügt auf eurem
Regenschirm spazierengehen.

Refr.: Was ich nicht weiß...

Naß, Naß, Naß – Wasserspaß

Das Wasser

Vom Himmel fällt der Regen
und macht die Erde naß,
die Steine auf den Wegen
die Blume und das Gras.
Die Sonne macht die Runde
im altgewohnten Lauf
und saugt mit ihrem Munde
das Wasser wieder auf.
Das Wasser steigt zum Himmel
und wallt dort hin und her.
Da gibt es ein Gewimmel
von Wolken, grau und schwer.
Die Wolken werden nasser
und brechen auseinand'
und wieder fällt das Wasser
als Regen auf das Land.
Der Regen fällt ins Freie
und wieder saugt das Licht,
die Wolke wächst aufs Neue,
bis daß sie wieder bricht.
So geht des Wassers Weise:
es fällt, es steigt, es sinkt
in ewig gleichem Kreise
und alles, alles trinkt.

James Krüss

Quelle: James Krüss, Der wohltemperierte Leierkasten, Bertelsmann Verlag GmbH, München 1961

Wasser – was is'n das?

Wasser ist überall

Als fester Eiswürfel im Getränk, als Flüssigkeit beim Spülen oder als gasförmiger Dampf beim Kochen, überall begegnet uns Wasser in seinen unterschiedlichen Formen. Doch Wasser ist mehr als nur Wasser. In nahezu jeder Substanz lassen sich mehr oder weniger viele Wasseranteile finden: im Blut, in der Träne, im Knochen, in Pflanzen, im Holz, im Benzin usw. Ohne Wasser gäbe es also kein Leben auf unserer Erde.

Wasser ist das Sinnbild des Lebens

Vor Urzeiten entwickelte sich das erste Leben im Schutz der Urozeane. Die entstehenden Wasserpflanzen erzeugten in vielen Millionen Jahren Sauerstoff. Dieser konnte sich schließlich in der Atmosphäre anreichern und machte dadurch neue Lebensformen möglich. Schließlich stabilisierte sich ein Erdklima, dessen wichtigster Einflußfaktor der ewige Wasserkreislauf ist: Wasserverdunstung, Wasserkondensierung, Wolkenbildung, Niederschläge.

Da das Wasser von Anfang an bei allen Lebensprozessen beteiligt war, wundert es nicht, daß es auch im kleinen ein Sinnbild des Lebens ist. Schon das ungeborene Kind kann sich nur in der schützenden Fruchtwasserhülle entwickeln. Die sehr wäßrige Lösung Blut transportiert und verteilt die lebenswichtigen Stoffe in unserem Körper. Durch Aufnahme und Abgabe von Wasser reguliert sich unsere Körpertemperatur. Unser Körper selbst besteht zu mehr als 60 % aus Wasser: Blut (83 %), Gehirn (70-75 %), Knochen (22 %), Zähne (2 %). Da wir täglich ca. 2,2 l Wasser ausscheiden, müssen wir, um nicht zu sterben, regelmäßig Flüssigkeit zu uns nehmen, also: Ohne Wasser kein Leben.

Wasser schreibt Geschichte(n)

Unsere Abhängigkeit vom Wasser zeigt sich auch in ganz anderen Dingen. So wurden die ersten großen menschlichen Siedlungen an großen Wasserläufen gebaut. Und in früheren Zeiten waren sich die Menschen dieser Abhängigkeit sehr bewußt. Dieses läßt sich an den vielen Mythen, Märchen und Geschichten ablesen, in denen die lebengebende und lebennehmende Kraft des Wassers in Person von Göttern und Geistergestalten auftauchten. In verschiedenen Riten findet sich noch heute diese Symbolik wieder, z.B. bei der Taufe oder der Totenwaschung.

Wasser ist knapp

Die Abhängigkeit vom Wasser wird am deutlichsten, wenn es knapp wird. Wer kennt nicht die erschreckenden Bilder aus Dürregebieten, die jedes Jahr aufs neue zu sehen sind. Dabei gibt es die unvorstellbare Menge von ca. 1,4 Milliarden km³ Wasser auf der Erde. Wer sich jedoch die Art der Verteilung der Wasservorräte anschaut, dem wird diese Knappheit einsichtig. Stellen Sie sich vor, alles Wasser würde in eine Badewanne passen (ca. 150 l). Schätzen Sie einmal, wieviel Liter davon Süßwasser sind.
Angesichts der Süßwasserknappheit ist es um so unverständlicher, daß dieses bißchen Wasser vergeudet, verschmutzt und geschunden wird.

150 l (Badewanne)	= Gesamtwasser
4,2 l	= Gesamtsüßwasser
3,2 l	= Eis
1 l	= Grundwasser
0,014 l (Schnapsglas)	= Oberflächensüßwasser

Wasser wird verbraucht

Der tägliche Wasserverbrauch läßt sich an der Wasseruhr ablesen. Diese zeigt den Verbrauch in m^3 an (von 1 m^3 = 1000l Wasser bis hin zu 0,0001 m^3 = 1/10 l Wasser).
Jeder Bundesbürger verbraucht am Tag durchschnittlich 145 l Wasser im Haushalt für: Baden (43 l !), Toilette (46 l !), Waschmaschine, Geschirrspülen, Körperpflege, Zähneputzen, Kochen, Wohnungs- und Autoreinigung, Gartenbewässerung.
Durch einfache Mittel kann dieser Verbrauch verringert werden: statt Baden lieber Duschen; Sparspülung in die Toilette einbauen; Waschmaschine nur anstellen, wenn sie ganz voll ist; Regenwassertonne für die Gartenbewässerung aufstellen; Wasser nicht unnötig laufen lassen; Durchflußbegrenzer in die Wasserhähne einbauen; nicht jede Woche das Auto waschen und wenn, dann in die Waschstraße fahren; selbst die Reparatur eines tropfenden Wasserhahns bringt einiges (ca. 170 l Wasser im Monat).
Vom tatsächlichen Wasserverbrauch ist dies aber nur ein kleiner Teil. Das volle Schwimmbad, das Löschwasser der Feuerwehr, die Straßenreinigung, die Grünanlagen; alle brauchen Wasser. Die Herstellung jedes Produkts, das wir kaufen, verbraucht Wasser: die Tageszeitung 5 l, die Illustrierte 30 l, die Plastiktüte 15 l, eine Benzinfüllung für das Auto 1000 l, ein Zentner Weizen 25000 l, ein Zentner Grünfutter 55000 l, eine Tonne Stahl 200000 l, ein Auto 380000 l. Nicht vergessen werden darf schließlich der Wasserverbrauch der vielen Heizkraftwerke: ca. 25 Milliarden m^3 l im Jahr.
Wenn dies alles aufgerechnet wird, dann kommt jede Person am Tag sogar auf 1800 l Wasserverbrauch. Somit helfen auch Energieeinsparung, der Kauf von Recyclingprodukten und auch der Nichtkauf beim Wassersparen!

Wasser wird verschmutzt

Neben dem Wasserverbrauch werden auch enorme Wassermengen verschmutzt: Giftige Schwermetalle und Pestizide, Phosphate, Nitrate, Säuren, Laugen, Öl, Benzin, Chemikalien usw. gelangen auf unterschiedlichem Weg ins Wasser.
Fischsterben und Algenpest, das Schließen von vergifteten Trinkwasserbrunnen, das Verbot, mit bestimmtem Trinkwasser Babynahrung zuzubereiten, all dies sind einige der sichtbaren Folgen der Wasserverschmutzung.
Diese Verschmutzung bleibt aber nicht auf unsere Bäche und Flüsse beschränkt. Der ewige Wasserkreislauf unterscheidet (leider) nicht nach sauberem und schmutzigem Wasser. Er bringt die Abwässer in das Grundwasser, die Meere, ja selbst bis in das ewige Eis der Pole. Auf diese Weise machen die Menschen das Wasser noch knapper, als es schon ist.

Die Wasserkiste des Magiers Blubberquatsch

– eine Spielgeschichte

Knud hat das Rätsel des Magiers Blubberquatsch gelöst und dafür eine verzauberte Wasserkiste geschenkt bekommen: eine wahre Fundgrube voll verschiedener Wässerchen. Doch ...oh Schreck: Wenn die Kinder Knud keine neuen Wässerchen schenken, verschwindet die Kiste für immer.

Material:
Tuch, Wasserspritze

Alle sitzen im Stuhlkreis. Versteckt unter einem Tuch auf dem Schoß eines Spielers macht sich Knud erst mit Geräuschen, dann sogar mit einer Wasserspritze bemerkbar. Der Erzähler beschwert sich über seine Unverschämtheiten.

„Mensch Knud, du hast mir doch versprochen, heute nicht zu stören. Und was machst du, du spritzt hier sogar mit Wasser herum. Brauchst dich gar nicht weiter unter dem Tuch zu verstecken, ich weiß doch, daß du das warst."

Knud kriecht vorsichtig und etwas verschämt unter seinem Tuch hervor.

„Du mußt mir nicht böse sein, schließlich habe ich etwas ganz Tolles geschenkt bekommen. Und wenn ich etwas Tolles geschenkt bekomme, dann bin vor Freude ganz aufgedreht und will mein Geschenk allen gleich zeigen."

„Na gut, Knud. Wenn du einen solch wichtigen Grund hast, drücke ich noch einmal ein Auge zu. Jetzt bin ich aber gespannt, was du uns zeigen willst."

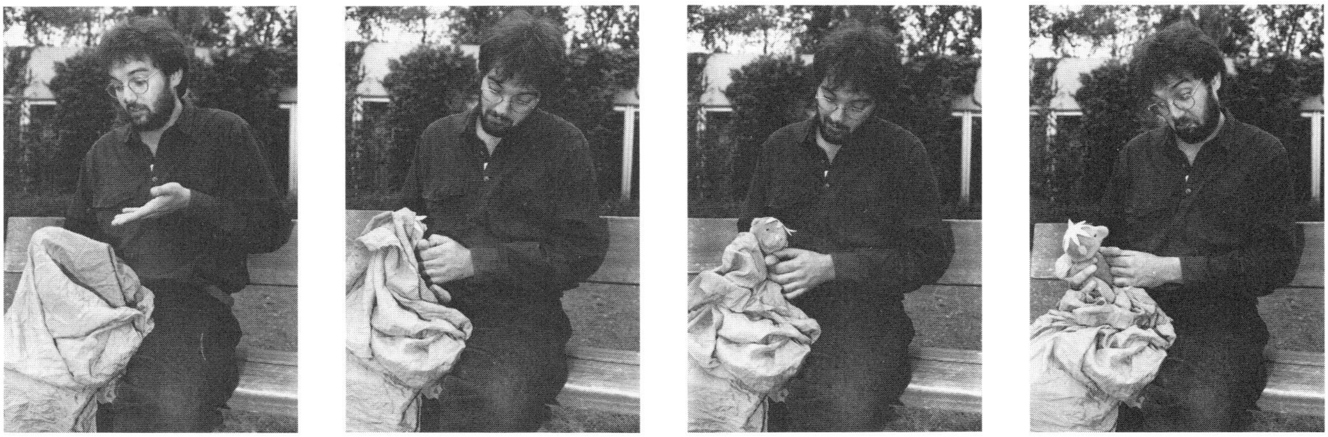

„Gestern war ich auf dem großen Quak-Fest bei den Wasserfröschen am Meierteich. Zu diesem Fest haben sie all ihre Freunde eingeladen. Wißt ihr, wen ich da getroffen habe? Ihr werdet es nicht glauben: den großen Wassermagier Blubberquatsch.
Der Schelm hat mit mir eine Wette gemacht. Wenn ich sein Rätsel löse, schenkt er mir etwas Tolles. Und das Rätsel ging so:

Das Wasserrätsel

Mal ist es heiß, mal ist es kalt,
mal ist es frisch, mal ist es alt.
Es fällt oft von der höchsten Wand
und steigt auch noch bis über'n Rand.
Mal ist es schwer, mal ist es leicht
mal ist es hart, mal ist es weich.
Es trägt die schwersten Dinge fort
und dringt noch ein in jeden Ort.
Mal ist es grün, mal ist es blau,
oft ist es klar und manchmal grau.
In seinen Tiefen hausen Wunderwesen,
und kranke Menschen wollen dran genesen.
Mal ist es still, mal ist es laut,
mal ist es unsichtbar,
mal wird ein Haus daraus gebaut.
Es ändert ständig seine Form –
ist das nicht enorm?!

Quelle: G. de Haan, Ökologie-Handbuch Grundschule, Beltz Weinheim u. Basel 1989

„Wißt ihr die Lösung des Rätsels?"

Knud geht auf die Antworten der Kinder ein und führt sie so auf die Lösung des Wasserrätsels.

„Herr Blubberquatsch hat ganz schön dumm aus der Wäsche geschaut als ich sein Wasserrätsel gelöst habe. Aber dann hat er mir widerwillig das versprochene Geschenk gegeben: seine berühmte Wasserkiste. Habt ihr schon eine Ahnung, was in der geheimnisvollen Kiste ist? – Die riesige Wassersammlung des großen Wassermagiers Blubberquatsch.

Das ganze hat nur einen Haken. Herr Blubberquatsch hat die Kiste verzaubert. Sie verschwindet für ewig, wenn ich keine neuen Wässerchen sammle. Wollt ihr mir nicht helfen, den Zauber zu brechen? – Laßt uns erst einmal die Kiste reinholen. Ich brauche dazu 4 Kinder, denn die Kiste ist zauberschwer. Die anderen Kinder helfen uns mit einem lauten Hauruck!"

Die Schatzkiste wird pantomimisch unter großer Anstrengung in die Mitte des Raumes getragen.

„Wartet, nicht so schnell, ich habe die Kiste noch gar nicht richtig in der Hand. Nun bin ich gespannt, ob die Kiste auch durch die Tür paßt. Bei so einer Anstrengung komme ich ganz schön ins Schwitzen. Ich muß mir erst einmal den Schweiß abwischen."

„Knud, wie bekommen wir denn die Kiste nun auf? Ich will doch wissen, was da drin ist."

„Schaut doch mal in euren Hosentaschen nach. Einer von euch hat da bestimmt einen Zauberschlüssel. Mit dem schließen wir die Kiste auf."

Knud versucht, mit den angebotenen Gegenständen die Kiste zu öffnen – endlich klappt es. Die Spielleitung öffnet die Kiste, holt pantomimisch einige Wasserproben heraus und stellt sie vor.

„Oh je, das ist aber ein langes Glas. Was da wohl drin ist? Da steht drauf: Wasser aus dem Bollerbach. Das muß ich jetzt aber sehr vorsichtig zurückstellen. – Und da, ein ganz dickes Glas: Schweiß von einem Stinkefuß. Ach, deshalb riecht das hier so komisch.
Das sind wirklich tolle Wasserschätze in der Kiste. Obwohl du mich so geärgert hast, will ich dir auch ein Wassergeschenk machen. Ich habe zwei klitzekleine Gläschen. In diesem hier sind Morgentautropfen von einer Rose. Und in dem da ist was ganz besonderes: Hundepippi."

„Das sind wirklich tolle Wassergeschenke. Das reicht aber noch nicht aus, um den Zauberspruch zu brechen. Wer kann mir noch ein Wassergeschenk in die Kiste stellen?"

Jedes Kind macht Knud ein Wassergeschenk, sagt was es ist und stellt es vorsichtig in die Schatzkiste. Anschließend wird die Kiste wieder abgeschlossen und nach draußen getragen, weil Knud sie später dort abholen lassen will.

Variationsmöglichkeit: die fiktive Kiste wird durch einen Pappkarton ersetzt, der entweder vorab oder nach dem Spiel zusammen mit den Kindern zu einer Wasserschatzkiste gemacht wird.

Wasserzauber

Die Kinder sind aufgeregt. Der Wassermagier Blubberquatsch hat ihnen einen Brief und ein Paket geschickt. Er gibt in Kürze eine Zaubervorstellung. Allerdings konnte er bisher seine neuen Wasserzaubereien nicht testen. Die Kinder sollen ihm helfen und die Tricks selber ausprobieren. Durch Knud teilen sie dem Zauberer später mit, welche Wasserzaubereien ihnen am besten gefallen haben.

Liebe Kinder,
sicherlich seid ihr sehr erstaunt, daß ihr von mir Post erhaltet. Ich habe neulich auf dem großen Quak-Fest ein kleines grünes Männlein getroffen, das sich mit Knud vorgestellt hat. Es hat etwa so ausgesehen wie auf dem Bild, was ich gemalt habe. Knud hat mir von euch erzählt. Er sagt, daß ihr immer ganz neugierig seid und viel Spaß dabei habt, mit ihm in der Natur herumzustöbern. Wenn das so ist, dann könnt ihr mir sicherlich bei meinem großen Problem weiterhelfen. Es ist nämlich so:
Kürzlich war ich in einem wunderschönen Tal, dem Regental. Dort ist ein Haus, das heißt: "Das Haus der 1000 Tropfen." In dem Haus wohnen nur Wasserzauberer. Sie führen dort ihre neuen Tricks vor. Zu dumm, die Haustür war zwar auf, aber alle Zimmertüren waren verschlossen. Schlau wie ich bin, habe ich mir die tollen Zaubereien durch die Fenster angeschaut. Ich habe mir genau aufgeschrieben, wie jeder Zaubertrick funktioniert. Leider habe ich keine Zeit, die Tricks selber auszuprobieren. Das ist ziemlich schlimm, weil ich bald eine neue Zaubervorstellung gebe. Ihr könnt mir helfen, wenn ihr die Zaubertricks für mich ausprobiert. In jedem Päckchen, das ich euch schicke, findet ihr die nötigen Zaubermaterialien und meine Zauberbeschreibungen. Ich treffe mich übrigens bald wieder mit Knud im Regental. Darum erzählt ihm bitte, welche Zaubertricks euch am besten gefallen haben. Die zeige ich dann bei meiner nächsten Vorstellung.
Vielen Dank und mit den besten Zaubergrüßen

Euer Herr Blubberquatsch

Vorbereitung:

Die Zaubererklärungen (s.u.) werden vorab kopiert und auf entsprechend große Pappe geklebt. In Abständen von mehreren Tagen bekommen die Kinder vier verschiedene Päckchen. Die Päckchen sind gefüllt mit den jeweiligen Zauberbeschreibungen und den dazu benötigten Materialien.

Die Kinder packen die Materialien aus und ordnen sie den entsprechenden Zaubererklärungen zu. (Beim ersten Päckchen wird vorher der Brief vorgelesen.) Gemeinsam werden die Experimente ausprobiert. Zwischendurch taucht Knud auf. (Beim ersten Päckchen erzählen die Kinder Knud zuerst von dem Brief und seiner Aufgabe). Knud verfolgt interessiert die Experimente und weiß eine passende Erklärung (s.u.) zu erzählen. Damit Knud dem Wasserzauberer auch mitteilen kann, welche Zaubertricks gut für die nächste Vorstellung sind, stellt er beim ersten Mal seine Idee vor.

Wasserzauberauswertung

Material:
großes Papier oder Tapetenrolle, Klebstoff, Zettelchen

Jedes Kind bemalt je nach Anzahl der Experimente entsprechend viele Zettelchen mit einem fröhlichen Knud. Auf dem Boden liegt ein großes Stück Papier oder Tapetenrolle. Nach Abschluß der Experimente werden die Pappen mit den Zaubererklärungen auf das Papier geklebt. Die Kinder kleben einen fröhlichen Knud zu den Experimenten, die Herr Blubberquatsch auf seiner nächsten Vorstellung zeigen soll.

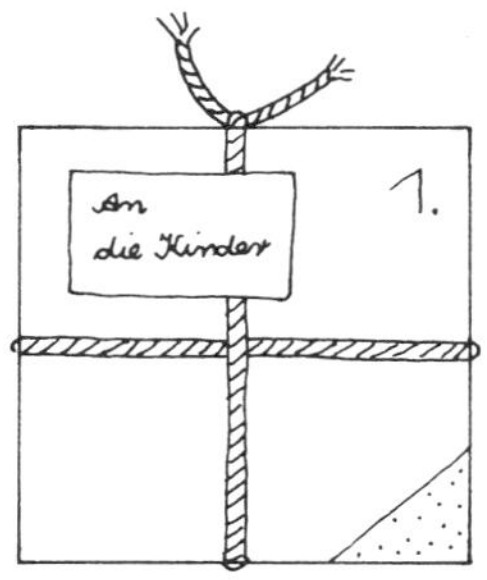

Material:
tiefer Teller, Wasser, Puder, Seife

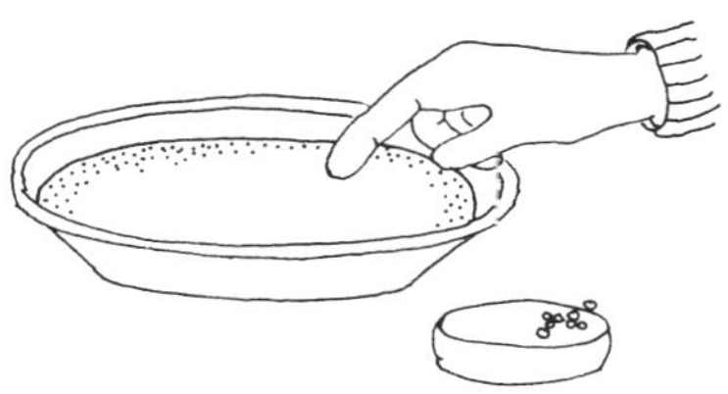

Der Zauberfinger
Der Teller wird ca. 1 cm hoch mit Wasser gefüllt. Auf die Wasseroberfläche wird gleichmäßig etwas Puder gegeben. Nun berührt man sachte mit einem Finger die Wasseroberfläche. – Nichts passiert. Ein anderer Finger (der Zauberfinger) wird angefeuchtet und auf einem Seifenstück gerieben. Anschließend berührt dieser Finger die Wasseroberfläche: Das Puder wird vom Finger weg zu dem Tellerrand gezogen.

Material:
sauberes Glas, Wasser, zahlreiche Geldstücke

Das Wassergewölbe
Das Glas wird randvoll mit Wasser gefüllt. Nacheinander werden ganz vorsichtig Geldstücke vom Rand her in das Glas geschoben. Die Wasseroberfläche wölbt sich in der Mitte nach oben, bis der Druck zu stark wird und das Wasser über den Glasrand tritt.

Material:
Glas, Wasser, Gummiband, Trockentuch

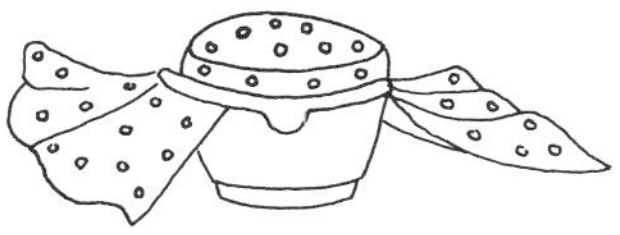

Der löchrige Deckel
Das Glas wird $\frac{3}{4}$ mit Wasser gefüllt. Über das Glas wird ein Trockentuch gelegt und mit einem Gummiband straff befestigt. Dann wird das Glas umgedreht. Obwohl das Trockentuch Löcher (Poren) hat, durch die das Wasser dringen könnte, fließt kein Wasser hindurch.

Material:
sauberes Glas, Wasser, Stecknadel, Gabel, etwas Spülmittel

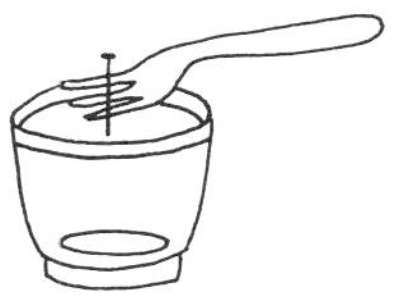

Die schwimmende Nadel
Das Glas wird mit Wasser gefüllt. Die Stecknadel wird auf die Gabel und dann vorsichtig auf die Wasseroberfläche gelegt. Die Nadel schwimmt auf dem Wasser. Nach mehrmaligen Vorführungen werden einige Tropfen Spülmittel hinzugegeben: die Nadel sinkt auf den Glasboden.

Eine Erklärung zur Oberflächenspannung:

„Das habe ich schon einmal gesehen. Mein Freund, der Wasserläufer geht auch immer auf dem Wasser herum. Ich wollte das nachmachen und bin dann ganz schön naß geworden. Er hat mir dann erklärt, warum er nicht versinkt: Die vielen kleinen Wassertropfen halten sich ganz doll fest und bauen so große Wassertropfenketten. Auf der Wasseroberfläche bildet sich dann eine richtige feine Haut, eine Wasserhaut. Da der Wasserläufer ganz leicht ist, kann er auf der Haut gehen, ohne sie zu zerstören. Ich bin dafür wohl etwas zu schwer. An der Stelle aber, wo Spül- oder Waschmittel auf das Wasser kommen, da zerreißt die feine Wasserhaut. Und dann versinkt auch der Wasserläufer."

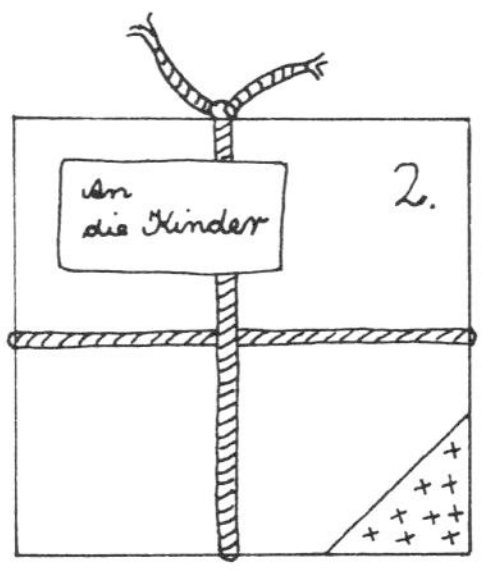

Der Regenmacher

Material:
Kochplatte, Wasser, großer Topf mit Deckel, Wanne, evtl. Trockentuch

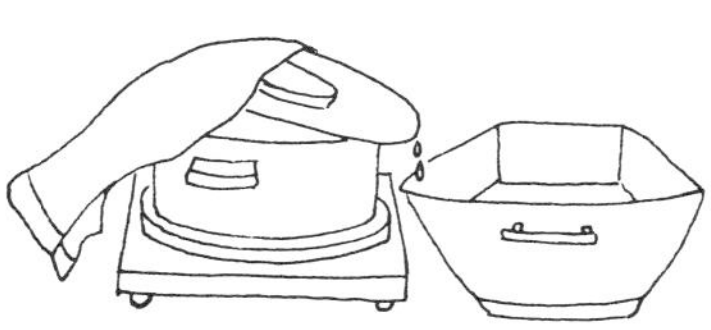

Das Wasser wird im Kochtopf mit verschlossenem Deckel (Energie sparen!) zum Kochen gebracht. Wenn das Wasser kocht, wird der Deckel schräg vom Kochtopf zu der daneben stehenden Wanne gelegt.
Die aufsteigenden Wasserschwaden kondensieren am Deckel, die Wassertropfen laufen an dem schrägen Deckel ab und werden in der Wanne aufgefangen. Damit auch kein Wasserdampf randlich aus dem Topf entweicht, wird ein naßkaltes Trockentuch über den Deckel gelegt.

Wasserschwund

Material:
3 Gläser, Wasser, Klebeband oder wasserfester Stift

Alle Gläser werden mit der gleichen Menge Wasser gefüllt und markiert. Die Gläser werden an drei verschiedene Orte gestellt: in den Kühlschrank, in die Sonne oder vor eine Heizung und in den Schatten. In gewissen Zeitabständen wird nachgeschaut, wieviel Wasser aus den Gläsern verdunstet ist und es werden wieder Markierungen an die Gläser gemacht.

Die Wassersäuberung

Material:
flache Wanne, Wasser, kleiner Stein, Salz oder Schlamm, Gummiband, kleiner schwerer Topf, Plastikfolie, Rührbesen

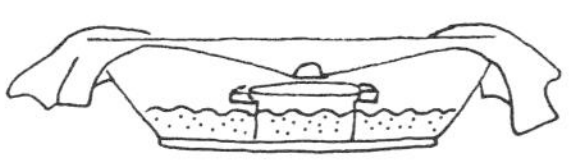

In die Wanne wird Wasser gefüllt und anschließend darin Salz bzw. Schlamm gelöst. In der Mitte der Wanne wird ein kleiner Topf auf den Boden gestellt. Die Plastikfolie wird locker über die Wanne gezogen und mit dem Gummiband befestigt. Zuletzt wird oberhalb des Topfes ein Stein auf die Folie gelegt, so daß sie an dieser Stelle herunter gedrückt wird. Nun alles in die Sonne stellen.

Eine Erklärung zum Wasserkreislauf:

„So machen also die Wassertropfen ihre langen Reisen. Sie lassen sich durch die Sonne erwärmen und werden dann ganz leicht, so leicht, daß sie in den Himmel fliegen können. Dabei lassen sie ihr ganzes Gepäck unten auf der Erde. Oben im Himmel wird es wieder kälter. Dann schließen sich die Wassertropfen zu großen Wolken zusammen und lassen sich vom Wind über das Land treiben. Dabei werden sie immer schwerer, bis sie als Regentropfen wieder auf die Erde fallen. Und wenn sie Lust haben, geht's wieder von vorne los."

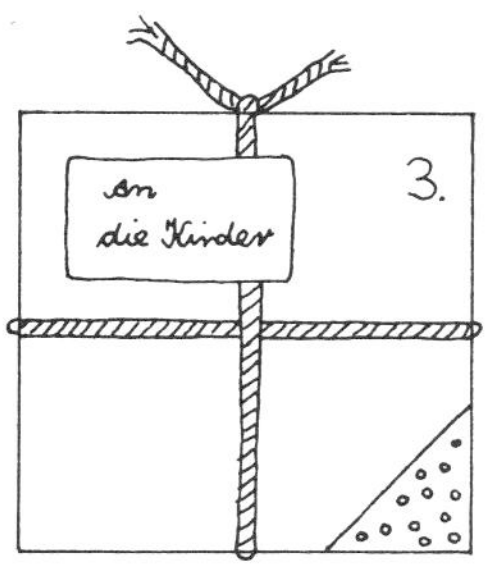

Material:
Backblech, Sand, Wasser, Gießkanne, Rasennarbe

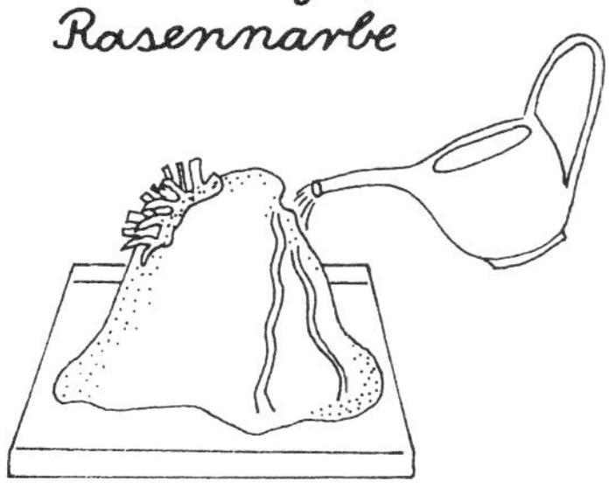

Der Berg ist futsch
Mit dem Sand wird auf dem Blech ein großer Berg bzw. Hügel gebaut. Anschließend wird Wasser aus der Gießkanne auf den Berg gegossen. Es bilden sich schnell Wasserrinnen im Berg. Das Sandmaterial wird abgespült. Schließlich bricht der ganze Berg auseinander.
Ist der Berg bepflanzt (z.B. dadurch, daß ein kleines Rasenstück auf den Sand gelegt wird), dann wird kaum Material heruntergeschwemmt und der Berg bricht nicht auseinander.

Material:
hohes Gefäß (Milchtüte, Blechbüchse o.ä.) Dosenöffner, Wasser, Wanne

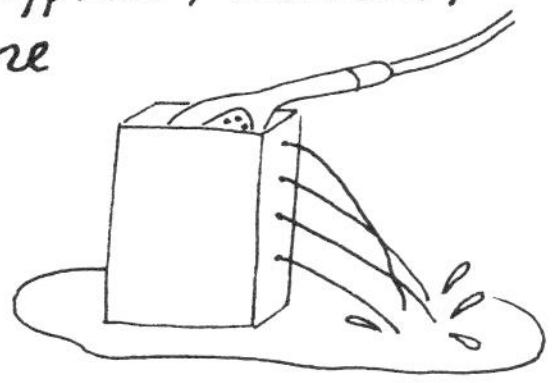

Wasserspritzereien
In einer leeren Milchtüte werden in Abständen von 8–10 cm 3–4 gleichgroße Löcher gemacht. Die Milchtüte wird in der Wanne ständig mit Wasser gefüllt, das wiederum aus den Löchern austritt. Es ist zu beobachten, daß die Wasserstrahlen verschieden weit spritzen.

Eine Erklärung für die Wasserkraft

„Das Wasser ist ganz schön kräftig. Neulich habe ich im Gebirge ein großes Unwetter erlebt: das hat vielleicht gegossen. Zum Glück habe ich auf einem Berg mit vielen Bäumen gesessen. Ihre Wurzeln halten nämlich den Boden fest. Sonst würde die Erde von dem vielen Wasser einfach fortgespült."

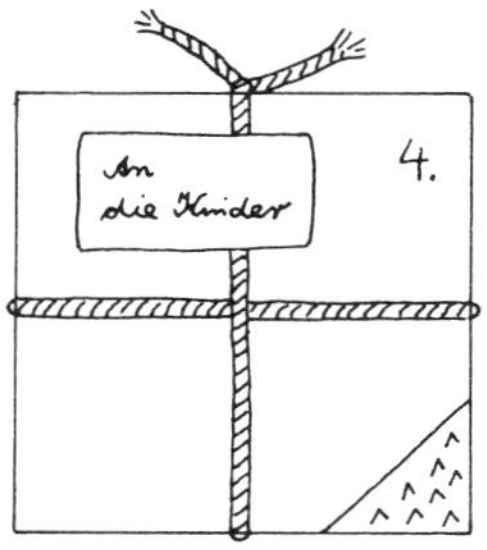

Material:
3 große Schüsseln,
Aufkleber, Stift,
Wasser, Kochplatte

Heiß oder kalt?

Es werden drei Aufkleber mit Symbolen für heiß, kalt und lauwarm gemacht. Jede Schüssel bekommt einen Aufkleber. Die Schüsseln werden mit dem entsprechenden (heißen, kalten oder lauwarmen) Wasser gefüllt. Ein Kind zieht sich Schuhe und Strümpfe aus. Dann werden ihm die Augen verbunden. Es stellt jeweils einen Fuß in das heiße und kalte Wasser. Nach einiger Zeit soll es sagen, welcher Fuß im kalten bzw. im heißen Wasser steht. Dann werden beide Füße in die Schüssel mit dem lauwarmen Wasser gestellt. Das Kind soll glauben, wieder in zwei verschiedenen Schüsseln zu stehen. Und tatsächlich wird es denken, daß der vorher "heiße" Fuß nun im kalten und der vorher "kalte" Fuß nun im heißen Wasser steht. Eine schöne Sinnestäuschung.

„Ich habe mich schon immer gewundert, warum so viele Kinder sich im Schwimmbad vor dem Schwimmen kalt abduschen. Jetzt ist es klar: beim Schwimmen fühlt sich dann das Wasser mollig warm an."

Material:
Großes Einmachglas, Wasser, Lebensmittelfarbe, kleines Glas, Bindfaden, Kochplatte

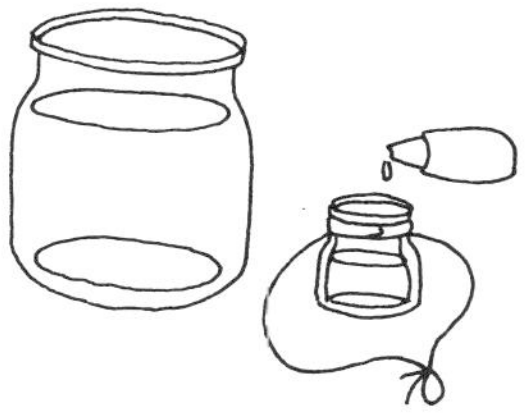

Wasservulkan

Das Einmachglas wird mit kaltem Wasser gefüllt. An das kleine Marmeladenglas wird ein Bindfaden so befestigt, daß es später in das große Glas herabgelassen werden kann. Auf der Kochplatte wird etwas Wasser zum Kochen gebracht, mit Lebensmittelfarbe versehen und in das kleine Glas geschüttet. Anschließend das kleine Glas mit dem Bindfaden in das Wasser des Einmachglases zu Boden lassen. Das gefärbte heiße Wasser tritt explosionsartig aus dem kleinen Glas aus und verteilt sich an der Wasseroberfläche im Einmachglas.

„Neulich habe ich mir einen heißen Kakao gemacht und mir dann beim ersten Schluck den Mund verbrannt. Jetzt verstehe ich warum: das heißeste Wasser steigt immer ganz nach oben.“

Material:
Eimer, Schnur, Wasser

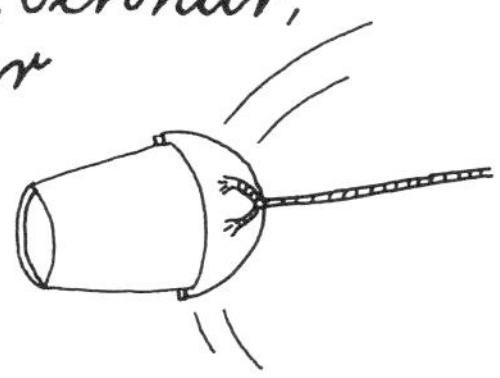

Wasserkarussell

Der Eimer wird mit etwas Wasser gefüllt. An dem Griff wird eine ca. 1 m lange Schnur fest verknotet. Nun wird der Wassereimer senkrecht vor dem Körper schnell geschleudert: es fließt kein Wasser aus dem Eimer.

„Wenn wir nun ein paar Löcher in den Eimer machen, dann gibt es bestimmt eine riesige Wassersauerei, weil das ganze Wasser herausgeschleudert wird.“

„Wenn wir aber darum einen wasserdichten Kasten bauen würden, dann hätten wir fast eine Waschmaschine. Die Waschmaschinentrommel dreht sich auch ganz schnell und durch ihre Löcher wird dann das ganze Waschwasser herausgeschleudert.“

Die Uhr, die keine Zeit zeigt

Knud hat wieder etwas Neues bei den Menschen entdeckt und gleich mitgebracht: eine Uhr. Die Kinder erklären ihm, wozu man sie benutzt. Ganz zufrieden ist Knud damit aber nicht, weil er immer noch nicht weiß, was eine Wasseruhr ist. Gemeinsam mit Knud erfahren die Kinder spielerisch, wo und wie Wasser verbraucht wird und gespart werden kann.

Material:
Pappkarton, Uhr (evtl. Kuckucksuhr), Stifte, Papier

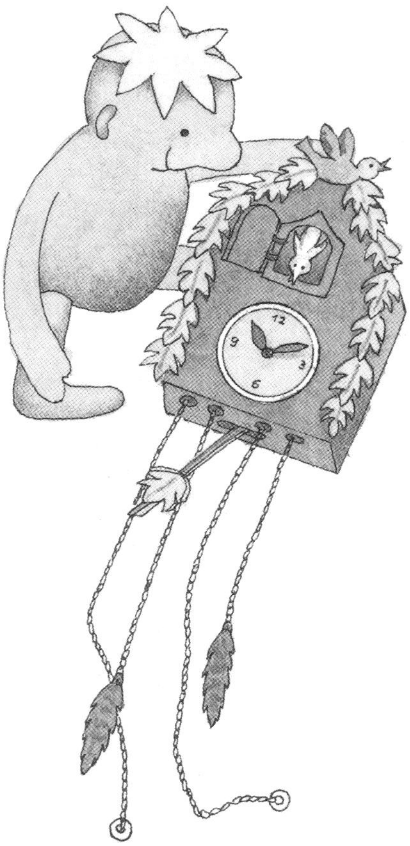

Knud sitzt auf einer Kiste, in der eine Uhr – am besten eine Kuckucksuhr – ist.

„Ich habe etwas Tolles mitgebracht – ein ganz wundersames Ding! Ich habe mich immer schon gewundert, warum viele Menschen so ein Ding haben. Mal tickt es, mal gongt es, mal klingelt es, mal sagt es gar nichts, mal hängt es an der Wand, mal steht es auf dem Boden, mal ist es hoch oben an einem Turm, und fast alle Menschen tragen es um den Arm und schauen ständig darauf. Was ist das für ein Ding?"

Die Kinder erraten das ‚Ding'.

„Ihr kennt mich ja! Wenn mich etwas neugierig macht, dann muß ich meine Nase reinstecken. Also habe ich mir auch eine Uhr besorgt. Wer hilft mir denn einmal, die Uhr auszupacken?"

Alle helfen die Uhr auszupacken. Knud untersucht die Uhr (evtl. führt Knud anschließend ein Gespräch mit dem unechten Kuckuck).

„Kennt ihr noch andere Uhren und wißt ihr, für was die gebraucht werden?"

Die Kinder rufen ihm Antworten zu.

„Jetzt weiß ich, was es für Uhren gibt und was ich mit einer Uhr machen kann. Aber was kann ich mit einer Wasseruhr tun? Kann ich daraus Wasser trinken oder damit Blumen gießen?
Ihr habt doch bestimmt eine Idee, was ich mit einer Wasseruhr machen kann. Malt mir dazu ein Bild, dann finden wir sicherlich heraus, für was eine Wasseruhr nützlich ist."

Die Kinder malen ein Bild über Knud und die Wasseruhr. Anschließend werden die Bilder miteinander verglichen.

„Laßt uns zum Hausmeister gehen, der kann uns sicherlich genau erklären, wozu ich eine Wasseruhr gebrauchen kann. Heute morgen wollte er nämlich die Wasseruhr kontrollieren."

Zusammen mit dem Hausmeister wird die Wasseruhr aufgesucht und begutachtet.

„Dort sind ja auch Zeiger, die sich bewegen. Darum ist die Wasseruhr wohl eine Uhr. Und was zeigen die Zeiger der Wasseruhr an?

Knud lauscht ungläubig den Erklärungen und macht dann einen Vorschlag:

„Wenn das alles stimmt, dann drehen sich die Zeiger von der Wasseruhr ganz schnell, wenn einige Kinder zur gleichen Zeit die Klospülungen ziehen und sich die Hände waschen."

Einige Kinder spielen nun Wasserverbraucher. Die anderen Kinder beobachten die Wasseruhr und berichten das Gesehene. Dann wird getauscht.

„Du siehst Knud, das ist eine tolle Sache. Das Wasser rauscht durch die Röhren, und die Wasseruhr zeigt uns genau, wieviel Wasser verbraucht wird. Wann brauchen wir denn sonst noch Wasser?"

Die Kinder überlegen, welche weiteren Wasserverbraucher sie im Haushalt kennen.

„Gestern bin ich heimlich in ein Haus gegangen und habe mir angeschaut, wo dort überall Wasser verbraucht wird. Ich habe davon Bilder mitgebracht. Die schauen wir uns an, vielleicht habe ich noch weitere Wasserverbraucher aufgespürt."

Die Kinder schauen sich die Bilder auf S. 34 + 35 an und beschreiben sie.

„Ich habe mich ziemlich darüber geärgert, daß soviel sauberes Trinkwasser vergeudet wird. Damit ihr allen zeigen könnt, wie sie das kostbare Wasser sparen können, habe ich euch ein Spiel mitgebracht."

Das Wassersparspiel:

Vorbereitung:
Die Abbildungen auf den S. 34 + 35 zeigen acht Wasserverschwendungs- und acht Wassersparbilder.
Sie werden jeweils für eine Kleingruppe (max. 4 Kinder) kopiert. Anschließend schneiden die Kinder die Bilder aus und kleben sie auf gleichgroße Pappkarten. Auf die leere Rückseite malen die Kinder Knud. Die Kinder vergleichen die Bilder und überlegen, welche Schmutz- und welche Sparkarte ein Paar bilden.

Spielbeschreibung:
Die 16 Spielkarten werden gut gemischt und auf dem Tisch ausgelegt, mit der Knudseite nach oben. Das jüngste Kind fängt an. Es darf zwei Karten aufdecken.

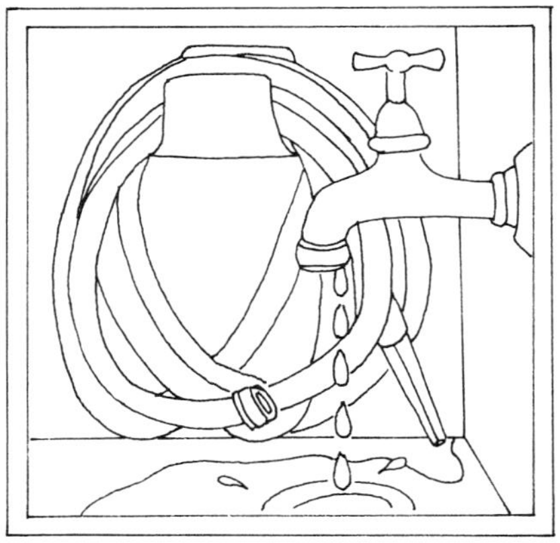

Findet es ein Kartenpaar, darf es dieses behalten. Passen die aufgedeckten Karten nicht zusammen, werden sie wieder verdeckt auf den Tisch gelegt. Das nächste Kind ist an der Reihe.

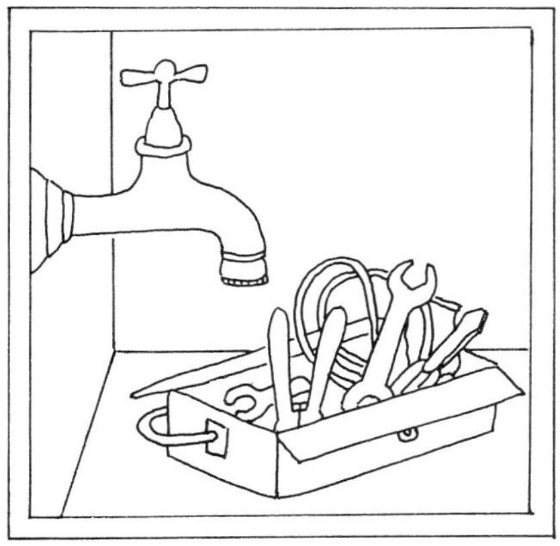
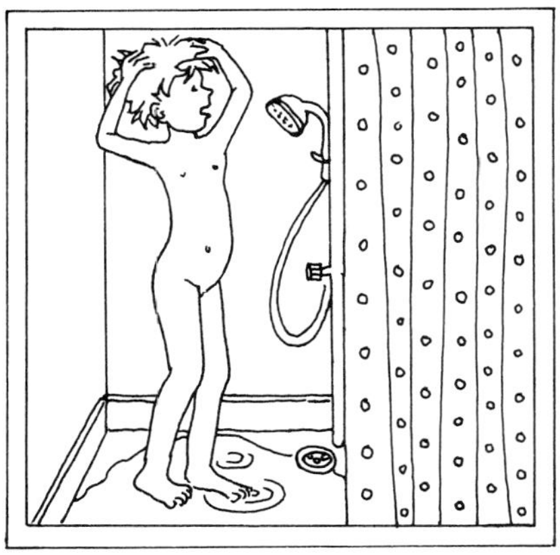

Mit Knud auf Wasserreise

– eine Spielaktion

Knud erfüllt sich einen Lieblingswunsch. Zusammen mit den Kindern unternimmt er eine zauberhafte Wasserreise. Unterwegs erleben sie viele Abenteuer. Gemeinsam entdecken sie schließlich, daß das Wasser in einem ewigen Kreislauf unterwegs ist: vom Meer hinauf, zur Erde hinunter, von der Quelle bis zur Mündung und zurück zum Meer.

Material:
Taucherverkleidung

Alle sitzen im Stuhlkreis. Plötzlich geht die Tür auf und ein Spieler kommt bekleidet mit Flossen, Schnorchel und Taucherbrille herein. Er ist etwas irritiert und sagt:

„Was ist denn mit euch los? Wir wollen doch eine Wasserreise machen. Das hat Knud mir jedenfalls gestern gesagt und da habe ich mich natürlich entsprechend vorbereitet. Der hat mich doch nicht etwa reingelegt? Knud, du Schlawiner, wo bist du? Ruft alle einmal mit: Knud, Knud!!“

Alle Kinder rufen nach Knud. Langsam kriecht Knud schließlich aus der Jacke oder Tasche des Erzählers hervor.

„Ha, wie siehst du denn aus. Ich glaube, du hast mich falsch verstanden. Ich will heute wirklich eine Wasserreise machen. Aber wir brauchen dazu keine Taucherausrüstung. Was wir brauchen, ist viel Mut. Denn unterwegs könnte es spannend und etwas gefährlich werden. Wollt ihr trotzdem mit auf meine Wasserreise kommen?
Damit wir uns unterwegs nicht verlieren, basteln wir uns erst eine Wasser-Reiseverkleidung.“

Wasserreiseverkleidung:

Material:
Papier, Stifte, Tesakrepp, blaue Wasserschminke

Knud stellt sich sichtbar auf, damit alle Kinder ihn abmalen können. Die Kinder kleben sich ihr Knudbild an den Bauch. Anschließend bekommen die Kinder mit Wasserschminke einen blauen Punkt und Knud einen blauen Papierschnipsel auf die Nase.

„Bevor es losgeht, darf jeder noch eine wichtige Sache auf die Wasserreise mitnehmen und den anderen vorstellen. Ich nehme einen großen Freßkorb mit.“

Wer nimmt was mit?
Die Kinder stellen nacheinander pantomimisch ihre ‚wichtige‘ Sache vor, die sie auf die Wasserreise mitnehmen wollen.

„Jetzt sind wir aber gut vorbereitet für unsere Wasserreise. Wo geht es denn los, Knud?"

„Unsere Wasserreise beginnt im Meer. Wir machen eine große Wassertropfenkette. Dann werden wir sehen, was uns im Meer so alles passiert."

Vom Meer hinauf...

Material:
Tesakrepp

Alle sitzen im Kreis und haken sich ein. Knud schildert, was im Meer passiert. Ein Spieler macht die entsprechenden Bewegungen und Geräusche dazu vor. Die Kinder machen alles nach:

- Wir schaukeln im Meer hin und her (alle schaukeln).
- Es kommt Wind auf (pusten und stärker schaukeln).
- Die Sonne brennt hoch oben vom Himmel (langsam bewegen sich die Arme nach oben).
- Wir werden leichter, die Sonnenstrahlen ziehen uns immer höher (langsam aufstehen und auf die Zehenspitzen stellen).
- Unser Wasser verändert sich. Wir werden zu vielen kleinen Wassertröpfchen, die vom Wind hin und her geschubst werden (loslassen und frei im Raum bewegen).
- Es wird kälter (bibbern). Zwei kleine Wassertröpfchen schließen sich zu einem größeren zusammen (umarmen).
- In der Luft fliegt viel Schmutz und Staub umher, der sich an uns heftet. (Die Paare kleben sich gegenseitig Tesakreppschnitzelchen auf den Rücken.)
- Wir wachsen zu einer großen Wolke zusammen. Träge gleiten wir hoch über der Erde. (Die Kinder stellen sich hintereinander – Hände auf die Schultern des Vordermenschen – und bewegen sich durch den Raum.)
- Ein Gewitter kündigt sich an: Der Wind bläst immer stärker; plötzlich ein heller Blitz (in die Hände klatschen) und dann ein dicker Donner (Füße stampfen auf dem Boden); und schon wieder der nächste Blitz...
- Es fängt langsam an zu regnen, erst ein paar Tropfen...(Fingerspitzen klopfen vorsichtig auf den Rücken des Vordermensches).
- ...und dann regnet es immer mehr; wir fallen mit den anderen Regentropfen immer tiefer und tiefer und tiefer...(langsam gehen alle in die Hocke).
- Wir fallen auf ein kleines Baumblatt, kullern langsam herunter und plumpsen auf den Boden (abrupt hinsetzen).

„Lange bleiben wir nicht auf dem Boden liegen. Gluck, gluck, gluck sickern wir langsam in den weichen Boden.
In der Erde ist aber nur wenig Platz. Wir müssen uns an den vielen kleinen Erdteilchen vorbeizwängen. Dabei werden wir ganz schön durchgeschrubbt und sauber gemacht."

Die Wasserschrubber in der Erde

Die Kinder bilden zwei gleich große Reihen und stellen sich im Abstand von ca. 50 cm gegenüber auf. Sie sind nun das Erdreich. Von einem Ende angefangen kriechen nacheinander alle Kinder durch das Erdreich und werden mit den Händen vorsichtig durchgeschrubbt. Dabei werden die ‚Wassertropfen' von ihren Schmutzteilchen (Tesakreppschnipsel) befreit. Den Anfang machen Knud und der Spieler. Wer durchgeschrubbt ist, stellt sich zum Mitschrubben hinten an einer Reihe an.

„Jetzt sind wir schon lange im Erdreich verschwunden und sickern immer tiefer. Aber was ist denn nun los. Es geht gar nicht mehr weiter. Wir können nicht mehr tiefer. Was machen wir nun? – Vielleicht kommen wir weiter, wenn wir mit unseren Füßen aufstampfen!"

Die Tropfen stecken fest

Alle sitzen auf der Erde im Kreis. Knud tritt mit seinen Füßen auf die Erde. Die Kinder helfen mit. Aber es tut sich nichts. Alle stehen auf und treten kräftig mit beiden Beinen auf.

„Ich glaube, das hilft nicht. Wir sind auf eine Erdschicht gestoßen, die keinen Wassertropfen durchläßt. Wenn es nicht mehr nach oben und auch nicht mehr nach unten geht, dann gehen wir solange auf dieser wasserundurchlässigen Schicht weiter, bis wir irgendwo rauskommen. Damit es uns bis dahin nicht zu langweilig wird, singen wir mein Lieblingslied."

Alle stellen sich hintereinander – Hände auf die Schultern des Vordermenschen – und gehen als singende Wassertropfenschlange durch den Raum.

„Da vorne ist Licht, da ist bestimmt eine Quelle."

„Knud, wo hast du uns denn hingeführt? Die Quelle ist ein richtiger Wasserfall. Wenn wir da runterspringen, werden wir bestimmt ganz schön durcheinandergewirbelt. Damit wir das heile überstehen, hilfst du jedem von uns beim Springen und hälst uns die Nase zu."

Die Quelle

Material:
Stuhl oder Tisch; weiche Unterlage

Die Wanderung der Wassertropfenschlange endet auf einem erhöhten Standpunkt (Turnbank, Stuhl, Tisch, Klettergerüst).
Von dort springen die Kinder auf eine weiche Unterlage (z.B. Turnmatte, Sand). Wer an der Reihe ist, nimmt Knud und läßt sich von ihm die Nase zuhalten. Unten angekommen rollen die Wassertropfen noch weiter: sie machen einen Purzelbaum.

Variante mit mehreren Erwachsenen:
Die Erwachsenen stellen sich in zwei gleichgroßen Reihen gegenüber auf und halten sich an den Händen. Die Kinder machen sich ganz steif und lassen sich von einem Tisch in die Doppelreihe fallen. Durch rhythmische Bewegungen der Arme werden die Kinder zum anderen Reihenende transportiert. Dort werden sie von einem Erwachsenen in Empfang genommen.

„Puh, mir ist schwindelig. Aber viel Zeit zum Ausruhen bleibt uns nicht. Der Bach, in den wir reingeplumpst sind, zieht uns gleich weiter. Überall sind Kurven, Steinchen und Huckel, an denen wir uns stoßen. Das gluckert und spritzt vielleicht! Das ist wie in der Achterbahn. Die Tiere hier im Wasser finden das ganz toll. Dadurch kommt viel Sauerstoff in das Wasser und das brauchen die Tiere zum Leben."

Das steinige Bachbett

Material:
evtl. blaues Tuch

Alle Kinder legen sich in einer geraden Reihe so dicht wie möglich nebeneinander auf den Bauch und bilden das steinige Bachbett. An einem Reihenende beginnend legen sich die Kinder nacheinander auf dieses Bachbett und rollen nun vorsichtig darüber – dabei machen sie sich ganz steif und strecken die Hände über den Kopf und nehmen Knud mit. Wer am Ende angekommen ist, legt sich dort wieder an die Reihe an. Der nächste ‚Tropfen' ist dran.

Variante mit mehreren Erwachsenen:
Die Erwachsenen nehmen das Tuch oder die Decke fest in die Hand. Nacheinander legen sich die Kinder auf das Tuch und werden mehrmals hochgeworfen und im Tuch wieder aufgefangen.

„Ich dachte, jetzt wird es nach soviel Anstrengungen endlich gemütlicher, aber da fließen wir wieder in eine geheimnisvolle dunkle Öffnung. Was das wohl sein mag? – Da hat doch glatt jemand um das Wasser eine Metallröhre gebaut. Tiere und Pflanzen gibt es hier kaum noch. Ich hoffe nur, daß wir hier bald wieder raus sind."

Im Kanalrohr

Material:
evtl. Augenbinden

Die Kinder stellen sich in zwei gleich großen Reihen im Abstand von ca. 2 m gegenüber auf. Mit verschlossenen Augen gehen sie nacheinander durch diese Röhre. Ganz Mutige können sich die Augen verbinden lassen. Knud ist diesmal sehr mutig. Mit verbundenen Augen läuft er als erster durch die Röhre. Damit bei diesem Blindlauf nichts passiert, steht am Ende der Röhre ein Fänger, der durch Zurufe die richtige Richtung angibt.

„Knud, ich finde, wir haben uns nach so vielen Aufregungen eine Pause verdient. Findest du nicht auch?“

„Wir können im Gasthaus ‚Zur lustigen Forelle‘ eine Pause einlegen. Aber da kommt nicht jeder rein – nur Tiere und Pflanzen, die am und im Wasser leben. Fremde müssen eine Eintrittskarte haben. Und die bekommen wir nur, wenn wir ein paar Rätsel lösen. Das wird nicht ganz einfach sein.“

Und was ist das?

Material:
DIN A4 Briefumschlag; DIN A4 große Abbildungen von Wassertieren und Knud

Verschiedene Abbildungen von Wassertieren und eine von Knud sind auf jeweils DIN A4 große Blätter geklebt. Diese werden in einen passenden Briefumschlag gesteckt. Ein Bild wird langsam aus dem Briefumschlag gezogen und die Kinder versuchen, das Bild zu erraten. Anschließend folgt das nächste Ratebild.

„Weil wir so toll geraten haben, bekommt jeder eine Eintrittskarte für das Gasthaus ‚Zur lustigen Forelle‘.“

Die Eintrittskarte

Material:
Schachtel, Zettelchen, Stifte, Tesakrepp

Jedes Kind malt eine Eintrittskarte mit Knud. Alle Karten kommen in eine Schachtel. Jedes Kind darf sich eine Einrittskarte ziehen und anheften. Anschließend wird geraten, wer welche Karte gemalt hat.

„Da haben wir aber doppelt Glück gehabt. Wir haben so tolle Eintrittskarten bekommen, und heute findet auch noch der Wasserzaubertanz im Gasthaus 'Zur lustigen Forelle' statt. Der Wassermagier Blubberquatsch hat seinen Zauberstab dagelassen, und immer, wenn die Musik aufhört, dann verzaubere ich euch. Ihr seid so lange verzaubert, bis die Musik wieder spielt.“

Der Wasserzaubertanz

Material:
Musik, Zauberstab

Solange die Musik spielt, bewegen sich alle Kinder frei im Raum. Wird die Musik unterbrochen, gibt Knud einen Bewegungsimpuls, den alle spielen, bis die Musik wieder anfängt. Die passenden Bewegungen macht ein Spieler vor, z.B.:

- alle werden zu trinkenden Elefanten,
- alle springen vom 10er und halten sich die Nase zu,
- alle schwimmen um die Wette,
- alle werden zu quackenden Fröschen,
- alle putzen sich die Zähne,
- alle sitzen auf dem Klo und ziehen die Spülung,
- alle springen auf einen Stuhl, weil die Flut kommt, usw.

„So ein Wasserzaubertanz ist schon klasse. Findet ihr nicht auch, daß wir uns für diesen tollen Tanz bedanken sollten? Ich weiß auch schon ein tolles Geschenk. Viele Gäste des Gasthauses berichten immer wieder von komischen Wassergeräuschen, die sie auf ihren Wasserreisen hören. Bis heute konnte aber noch niemand erklären, woher diese Geräusche kommen. Vielleicht könnt ihr weiterhelfen?"

Komische Wassergeräusche

Material:
evtl. Klanginstrumente

Die Kinder werden in Kleingruppen aufgeteilt. Jede Kleingruppe überlegt sich eine Geräuschkulisse zu einem ‚Wassergeräusch'. Danach kommen alle wieder zusammen. Eine Gruppe geht in die Mitte. Die anderen stellen sich im Kreis darum, mit dem Gesicht nach außen. Die Gruppe in der Mitte stellt ihre Geräuschkulisse vor, die anderen dürfen raten. Anschließend ist die nächste Gruppe an der Reihe.
Beispiele für Wassergeräusche:

- wir bringen Wasser zum Kochen,
- wir gehen auf's Klo und ziehen anschließend ab,
- wir duschen uns,
- wir nehmen ein Wannenbad,
- wir putzen uns die Zähne,
- es kommt ein Gewitter auf, usw.

„Knud, meinst du nicht, daß wir langsam weiter müssen, wir haben doch bestimmt noch einen langen Weg vor uns, oder?"

„Da hast du ganz recht, aber vorher muß ich euch unbedingt noch ein paar Gefahren zeigen, die uns bedrohen könnten: Schmuddelgefahren."

Schmuddelwarnung

Material:
Bilder von Wasserverschmutzern, Stoppschilder, ein Bild von Knud

Das Bild von Knud wird an eine Wand geklebt. Den Kindern werden verschiedene Abbildungen von Wassergefahren gezeigt, z.B.: Güllewagen; Einleitungsrohr einer Fabrik; ölablassendes Schiff; ein Auto, das gewaschen wird; Müll, der im Wasser schwimmt; o.ä. Diese Abbildungen werden um das Bild von Knud aufgehängt.
Es werden Gruppen von sechs bis zehn Kindern gebildet. Jede Gruppe überlegt sich ein wortloses Geheimzeichen für jede Wassergefahr, z.B.: am rechten oder linken Ohr ziehen, den Kopf wuscheln, den Rücken entlang streichen, usw. Die Gruppen kommen wieder zusammen.
Die Mitglieder einer Gruppe stellen sich hintereinander auf. Alle schauen dabei auf die Wand mit den Abbildungen. Das erste Kind in jeder Reihe bekommt ein Stoppschild in die Hand. Das letzte Kind in jeder Reihe darf sich umdrehen. Der Spieler zeigt den jeweils letzten in jeder Reihe eine Abbildung mit einer Wassergefahr. Der Reihenletzte muß nun an seinen Vordermenschen das passende Gefahrenzeichen weitergeben. Dieser gibt das Zeichen weiter usw., bis das wortlose Zeichen beim Reihenersten angekommen ist. Der Reihenerste läuft so schnell er kann zu der Wand mit den Abbildungen und hält sein Stoppschild vor eine Wassergefahr. Sind alle Stoppschilder an den Gefahren angekommen, überprüft Knud die Richtigkeit der Gefahrenmeldungen. Die nächste Runde beginnt.

„Jetzt sind wir für die weitere Wasserreise gut vorbereitet. Immer, wenn wir eine Wassergefahr erkennen, holen wir das Stoppschild raus und zeigen damit, daß wir etwas gegen Schmutz im Wasser haben!"

„Damit das auch viele hören, werden wir dazu ein Wasserschmutz- und -schutzlied singen. Und das geht so:

Das Wasserschmuddellied

Text und Musik von Gabi Zibret

2. In den Flüssen schwimmt Benzin,
plätschert giftig vor sich hin.
Überall nur Schmuddeldreck,
doch kein Mensch räumt ihn weg.

Refr.: Bei dem ganzen Schmutz igitt,
machen wir nicht länger mit.
Heut' gehn wir von Haus zu Haus
rufen laut: Der Schmutz muß raus!

3. Schiffe fahren übers Meer,
lassen Öl ab, Müll und Teer.
Überall nur Schmuddeldreck,
doch kein Mensch räumt ihn weg.

Refr.: Bei dem ganzen Schmutz...

4. S O S, es ist doch klar,
unserm Wasser droht Gefahr.
Überall nur Schmuddeldreck,
doch kein Mensch räumt ihn weg.

Refr.: Bei dem ganzen Schmutz...

Die Kinder bilden wieder eine Wassertropfenschlange und wandern singend durch den Raum.

„Habt ihr auch gemerkt, wie salzig das Wasser inzwischen schmeckt? Ich glaube, wir sind wieder zurück im Meer. Die Reise der Wassertropfen fängt also im Meer an und hört im Meer wieder auf. Das ist wie im Karussell: immer im Kreis herum. Echt Klasse.
Da wir wieder im Meer sind, muß ich euch erst einmal zeigen, was es hier alles zu essen gibt. Wenn uns die Meeresbewohner mal zum Essen einladen, werden sie staunen, was ihr alles bestellen könnt."

Die Meeresspeisekarte

Knud stellt die einzelnen Speisen vor. Damit sich alle die Speisen gut merken können, macht ein Spieler zu jeder Speise eine bestimmte Gestik und ein bestimmtes Geräusch. Am Schluß werden alle ‚Speisebeschreibungen' noch einmal geübt, indem eine kurze Geschichte erzählt wird, in der diese Speisen vorkommen. Jedesmal, wenn ein Speisename genannt wird, müssen alle die passende Gestik und das passende Geräusch machen. Ein Auszug aus der Speisekarte:
- Wattwürmer (essen wie Spagettis)
- Krabbencocktail („Hmmmm...", Bauch reiben)
- Sand (schon mal Sand im Mund gehabt?!)
- Teerklumpen („Iiiii...")
- alte Kaugummis (schon mal ein Kaugummi aus dem Mund gezogen?!)
- Blasentang (verursacht Blähungen!)
- Quallen („Glibber Glubber")

usw.

„Ich glaube, der Haifisch hat auch Hunger bekommen. Da müssen sich die Fische aber gut schützen, sonst frißt er sie noch."

Haifisch

Material:
Hut

Ein Kind wird zum Hai: Es bekommt einen Hut auf den Kopf. Die anderen Kinder sind die Fische. In einem abgesteckten Feld kann der Hai nur Fische fangen, die alleine sind. Ein Fisch kann sich vor dem Hai retten, wenn er einen anderen in den Arm nimmt. Wird ein Fisch vorher abgeschlagen, dann wird er zum Hai. Bewegen dürfen sich dabei alle nur in dem abgesteckten Feld.
Zusatzregel für die ‚Ewig-Umarmer': Der Hai darf sich vor ein Paar stellen und drei mal blubbern. Danach müssen sie sich lösen. Ob andere Fische rechtzeitig zur Hilfe kommen?

„Zum Glück leben in unserem Meer nur ganz kleine Haie. Wir sollten jetzt mal schauen, wie es an der Meeresoberfläche aussieht. Was meint ihr, was uns dort alles erwartet?"

Auf dem Meer

Material:
ein großes Tuch, evtl. mehrere zusammengenähte Bettlaken

Die Kinder verteilen sich gleichmäßig um das Tuch und nehmen es in die Hand. Alle Kinder gehen zunächst in die Hocke. Knud schildert Meeresereignisse, die die Kinder mit dem Tuch nachmachen:
- kleine Wellen (Tuch langsam auf und nieder bewegen),
- die Wellen werden größer (Aufstehen und Tuch stärker bewegen),
- Wind kommt auf (alle pusten feste).

Knud darf schließlich einmal auf den Wellen hüpfen.
Zum Schluß können ein paar Kinder Fische sein. Sie legen sich unter das Tuch, während die anderen Kinder weiter Wellen machen.

„Gleich kommt bestimmt noch der Fischers Fritze und möchte Fische fangen. Ob er wohl herausfindet, welche Fische es zu fangen gibt?“

Fischers Fritze

Material:
großes Tuch

Ein Kind wird Fischers Fritze. Es verläßt den Raum. Von dem Rest der Kinder legen sich einige – und auch Knud – unter das Tuch. Dabei dürfen nur noch die Füße zu sehen sein. Fischers Fritze kommt wieder herein und muß herausbekommen, welche Fische sich unter dem Tuch versteckt haben. Anschließend spielt ein anderes Kind oder Knud den Fischer.

„Fischers Fritze ist ganz traurig, weil er kaum noch eßbare Fische fangen kann. Einige Menschen verschmutzen mit ihrem Dreck und Gift das Meer so sehr, daß die Fische krank werden oder sterben. Die Meerestiere finden das auch nicht gut. Sollen wir ihnen helfen, den Dreck aus dem Meer zu schmeißen?“

Dreck zurück

Material:
großes Tuch, ‚weicher‘ Müll (Papier, Joghurtbecher, Klopapierrollen...)

Es werden zwei Gruppen gebildet: die Umweltverschmutzer und die Umweltschützer. Die Umweltverschmutzer werfen ständig den ‚weichen‘ Müll auf das Meer. Die Umweltschützer halten das Tuch fest oder kriechen unter dem Tuch her und versuchen, den Müll schleudernd oder schubsend wieder aus dem Meer herauszubekommen. Nach einiger Zeit werden die Rollen getauscht.

„Ich glaube, wir alleine werden das Meer so nie sauber kriegen. Das beste wäre, wenn der Dreck und das Gift erst gar nicht ins Meer kämen. Wenn wir ganz vielen Leuten davon erzählen, dann helfen die uns vielleicht. Aber wie schaffen wir das nur?“

„Es gibt viele Leute, die machen einen Umzug auf der Straße, wenn sie etwas ganz doll ärgert. Das nennt sich Demonstration. Sie malen Plakate, singen Lieder und rufen laut: „Wir brauchen sauberes Wasser“.

Wir können uns auch etwas anderes ausdenken und laut üben, damit uns jeder versteht."

Der Wasserumzug

Es werden zwei Gruppen gebildet. Jede Gruppe wählt einen Sprücheprüfer. Die beiden Prüfer müssen zunächst den Raum verlassen. Jede Gruppe überlegt sich nun einen kurzen Spruch. Anschließend stellen sich die beiden Gruppen in einem Abstand von ca. 6m gegenüber auf. Die beiden Sprücheprüfer stellen sich jeweils ca. 1m hinter der anderen Gruppe auf. Bei drei geht's los:
Jede Gruppe muß ihren Merksatz so laut schreien, daß ihr Sprücheprüfer ihn auch verstehen kann. Wenn ein Sprücheprüfer den Merksatz weiß, hebt er die Hand. Mal hören, ob der Demospruch gut übergekommen ist. Anschließend wird ein neuer Spruch eingeübt.

„Jetzt kennen wir ein paar tolle Sprüche. Wir brauchen uns nur noch schöne Plakate zu malen und ein Lied einzuüben, dann können auch wir einen Umzug machen. Ein Wasserschutzlied kennen wir ja schon. Laßt uns das zum Schluß noch einmal singen.
Und wenn wir nochmal eine Wasserreise beginnen wollen, müssen wir nur darauf warten, daß die Sonne uns wieder mit den Wassertropfen nach oben zieht. Ich bin gespannt, wo wir dann wohl hinreisen werden?"

Die gesamte Spielaktion bildet eine zusammenhängende Einheit. Sie kann jedoch ohne Schwierigkeiten in drei – inhaltlich in sich schlüssige Einheiten unterteilt werden:
- vom Meer hinauf, zur Erde hinunter,
- von der Quelle bis zur Mündung,
- zurück im Meer.

So ergibt sich die Möglichkeit, die Spielaktion als Rahmenhandlung immer wieder aufzugreifen und zwischendurch vertiefende Aktivitäten einzuschieben, wie:
* Experimente zur Wasserverdunstung und Wasserkondensierung
* Pflanzenexperimente mit sauberem und verschmutztem Wasser
* Bodenexperimente zur Filter- und Speicherfähigkeit sowie zur Bodenerosion
* Besuch eines begradigten und eines renaturierten Baches mit einem Vergleich der ansässigen Tier- und Pflanzenwelt
* Besuch einer Kläranlage
* Besuch eines Wasserwerkes
* Besuch der Wasseruhr mit Versuchen zum Wasserverbrauch und zum Wassersparen
* Ausprobieren von Möglichkeiten, sich öffentlich Gehör zu verschaffen (Ausstellung machen, Briefe schreiben oder Bilder malen und an bekannte Persönlichkeiten schicken, usw.)

Draußen vom Walde komm' ich her…

Der Baum

Zu fällen einen schönen Baum
brauchts eine halbe Stunde kaum.
Zu wachsen bis man ihn bewundert,
braucht er, bedenk es, ein Jahrhundert.

Eugen Roth

Quelle: Eugen Roth, Traum des Jahres, Carl Hanser Verlag

Der Wald
– nur eine Summe von Bäumen?

Der Wald ist mehr als nur eine Ansammlung von Bäumen. Er ist eine komplexe Lebensgemeinschaft aus unzähligen Pfanzen- und Tierarten, die eng miteinander in Abhängigkeit stehen. Die Vielfalt der Lebewesen läßt sich in drei Gruppen einteilen. Ohne sie wäre die Entstehung und Entwicklung des Waldes nicht möglich :

Die Produzenten:

Die Pflanzen bilden aus Sonnenenergie, Wasser und Kohlendioxid die für ihr Leben wichtigen Stoffe. Als 'Abfall' entsteht hierbei der so lebensnotwendige Sauerstoff. Ohne ihre Existenz wäre kein Leben auf der Erde möglich. In einem natürlich gewachsenen Wald sind diese Pflanzen häufig sehr artenreich und in unterschiedlichem Alter ausgebildet. Unter großen alten Bäumen haben sich jüngere, kleinere entwickelt, zu denen sich zahlreiche Sträucher gesellen. Unter diesen wiederum sind Farne, Moose, Pilze und kleine Pflanzen zu finden, die den Schutz der großen Bäume und Sträucher nutzen. So bilden die Produzenten im Wald verschiedene 'Stockwerke'.

Die Konsumenten:

Sie ernähren sich direkt oder indirekt von den Pflanzen. Hierzu zählen unzählige Tierarten, die sich einander wiederum als Nahrung dienen. Es gilt das Motto: Fressen und Gefressen werden.

Die Destruenten:

Da es sich bei diesen um sehr kleine Organismen handelt, werden sie trotz ihrer Wichtigkeit zu schnell vergessen. Ihre Anzahl in einem Wald ist unvorstellbar groß. Allein in einer Hand voll Erde befinden sich mehr Lebewesen als Menschen auf der Erde. Es sind all die kleinen und kleinsten Lebewesen (Würmer, Bakterien, Pilze, etc.), die dafür sorgen, daß tote Waldmaterialien so zerkleinert werden, daß ihre kleinsten Elemente als Baustoffe dem Ökosystem Wald wieder zur Verfügung stehen. Ohne diese Zersetzer müßte z.B. ein Hektar Wald im Jahr unter vier Tonnen Streu ersticken.

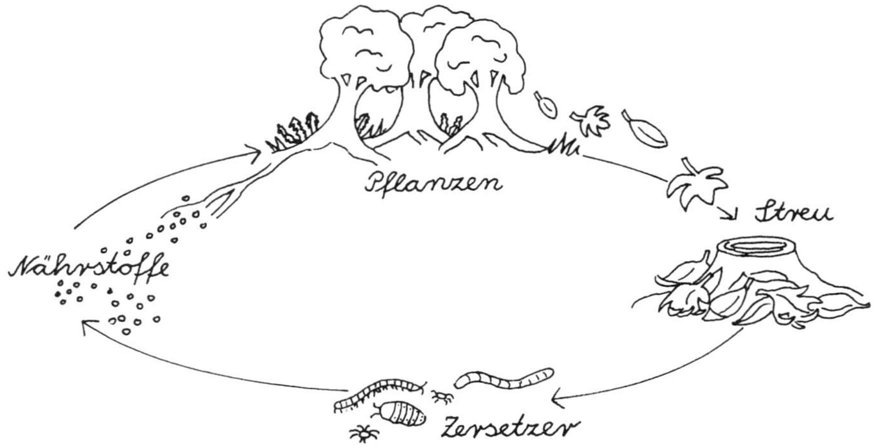

Der Wald stirbt!

Weltweit tauchen Schreckensmeldungen über die Vernichtung des Waldes in den Medien auf.
In den Industrieländern wird das Waldsterben durch die Verschmutzung der Luft mit zahleichen Schadstoffen wie Schwefeldioxid (SO_2), Stickoxide (NO_x), Ozon (O_3) ausgelöst. Diese Stoffe entstehen bei Verbrennungen in der Industrie, im Verkehr und in Haushalten. Gelangen sie nach längerer Zeit wieder auf die Erdoberfläche, so wirken sie dort sehr aggressiv: An Bäumen werden die Blätter und Nadeln sowie große Teile der Wurzeln angegriffen. Die Bäume werden krank, verlieren viel zu früh ihre Blätter bzw. Nadeln und können aufgrund dieser Schwächung leicht von Schädlingen befallen und zerstört werden.
In der Bundesrepublik weisen im Jahr 1989 die Hälfte (52%) der Waldflächen in unterschiedlich starkem Maße diese Schäden auf.
Aber nicht nur in den Industrieländern stirbt der Wald. In tropischen Gebieten wurde der Regenwald in den vergangenen 30 Jahren um die Hälfte vernichtet. Gegenwärtig werden von Jahr zu Jahr ca. 200000 km^2 des Regenwaldes – eine Fläche endsprechend der BRD – zerstört. Hält diese Entwicklung an, so wird dieses Ökosystem in ca. 25 Jahren verschwunden sein.
Verursacht wird diese Zerstörung durch den auch heutzutage noch betriebenen Wanderfeldbau, dem ständig steigenden Bedarf an tropischen Hölzern in den westlichen Industrieländern und der Umwandlung der Flächen in riesige Rinderzuchtgroßfarmen. Da die tropischen Böden ohne den Waldbewuchs sehr schnell an Nährstoffen verarmen, werden immer neue Waldflächen gerodet, die dann als Anbauflächen genutzt werden.

Die Folgen der Waldvernichtung

Werden die Wälder weiterhin den enormen Schadstoffmengen ausgesetzt, so wird die zunehmende Entwicklung der Baumschäden nicht aufgehalten werden können. Aber nicht nur die Bäume werden in ihrer Vitalität bedroht, auch alle im Ökosystem lebenden Tier- und Pflanzenarten sowie der Boden und das Trinkwasser. Denn der Waldboden speichert nicht nur Wasser, sondern er filtert dieses auch. Er hält Schadstoffe fest, so daß diese nicht mit dem versickernden Wasser in das Grundwasser gelangen. Er übernimmt somit eine wichtige Schutzfunktion für unser Trinkwasser!
In Gebirgen können die Bäume durch ihre Schwächung nicht mehr dem Druck von Schneelawinen und Muren standhalten. Diese rutschen den Hang hinab und verschütten ganze Bergtäler wie z.B. im Veltlintal 1987.
Obwohl der Regenwald sehr weit weg ist, wird seine Verringerung an niemandem spurlos vorübergehen. Denn die Tropen sind für die Klimaverhältnisse auf der ganzen Erde von besonderer Wichtigkeit: Dort werden Unmengen an Regenwasser gespeichert, entsteht die Hälfte des

Niederschlags, haben zahlreiche Winde ihren Ursprung, werden große Mengen Kohlendioxid aufgenommen, der lebensnotwendige Sauerstoff produziert, etc. Wird der Grüngürtel am Äquator zerstört, so werden weltweit neben dem Verlust unzähliger Tier- und Pflanzenarten Temperatur- und Windveränderungen auftreten, die wiederum weitere Folgen mit sich bringen werden: Abschmelzen der Polkappen, Anstieg des Meeresspiegels, Überschwemmungen, Bodenabtragungen, Trockenheiten, Zunahme von Stürmen, und und und...

Muß der Wald wirklich sterben?

Um die Entwicklung des Waldsterbens aufzuhalten bzw. zu stoppen, werden zahlreiche Maßnahmen durchgeführt. Sie reichen von Neuaufforstungen, über Züchtungen neuer Baumarten, die gegen die Umweltbelastungen widerstandsfähiger sind, bis zu flächenhaften Waldkalkungen, um den sauren Regen zu neutralisieren. Bei diesen Maßnahmen wird lediglich an dem kranken Patienten ‚herumgedoktert', wodurch der ‚Patient' jedoch nur eine schwache Schmerzlinderung erfährt. Die Ursache der Krankheit wird hiermit aber nicht behandelt! Einer weiteren Waldzerstörung kann nur entgegengewirkt werden, wenn neben der Anwendung zahlreicher technischer Maßnahmen bei jedem Einzelnen Umdenkprozesse einsetzen: Nur durch eine Verringerung der Schadstoffkonzentration im Kraftfahrzeugverkehr, im Haushalt und in der Industrie sowie der Verzicht auf Produkte, die aus tropischen Hölzern hergestellt wurden (Fensterrahmen, Türen, Schränke etc.), kann dem Patienten Wald – dem größten Ökosystem – eine Besserung verschrieben werden!

Knud im Land ohne Bäume

– eine Spielgeschichte

Knud ist ratlos und völlig durchgefrohren. Er kommt von einer Reise in das Land ohne Bäume wieder. Dort war es furchtbar kalt. Knud hat den Eskimojungen Uruk kennengelernt. Der hat noch nie einen Wald oder Bäume gesehen. Knud weiß nicht, wie er Uruk seine geliebten Bäume und seinen geliebten Wald erklären soll. Die Kinder helfen ihm dabei und bauen Knud noch ein gemütliches Bett, damit er auf seiner nächsten Reise dorthin nicht mehr frieren muß.

Material:
Wolljäckchen und Mütze für Knud

Die Kinder sitzen im Stuhlkreis. Knud hat ein Wolljäckchen und eine Wollmütze auf dem Kopf.

„Knud, bist du erkältet, oder warum hast du dich so eingemummelt?“

„Ich bin gerade von einer langen Reise zurückgekommen. Ich sag' euch, Sachen habe ich da erlebt. Dort wächst kein richtiger Baum, es gibt keinen Wald, und rattenkalt ist es auch noch. Wenn ihr mir etwas helft, kann ich euch zeigen, wie es da aussieht.“

Schneelandschaft

Material:
großes Bettlaken und Kissen

Die Kinder breiten das Bettlaken aus und verteilen Kissen darunter. Anschließend setzen sich alle in diese Eislandschaft.

„Jetzt kann ich gut verstehen, warum du dich so eingemummelt hast. Aber was hast du denn in dem baumlosen Land so lange gemacht, und wo hast du geschlafen?“

„Ich habe einen netten Eskimojungen kennengelernt, der heißt Uruk. Er wohnt mit seiner Familie in einem Haus aus Eis. Uruk hat mir viele tolle Sachen gezeigt, und einmal haben wir sogar einen Eisbären getroffen.
Vor meiner Abreise hat er mich gefragt, wo ich am liebsten wohne. Ich habe ihm von Wäldern, Bäumen und meinen Mooswiegen erzählt. Aber Uruk hat mich mit großen Augen angeschaut. Er weiß ja nicht, was Wälder und Bäume sind. Ihr müßt mir helfen:
Wie soll ich Uruk erklären, was das ist, ein Wald, ein Baum? Was würdet ihr Uruk erzählen?“

Die Kinder erzählen, was sie unter einem Wald bzw. einem Baum verstehen.

„Ich glaube, es ist das beste, wenn jeder für Knud ein Bild malt, auf dem zu sehen ist, was ein Baum und ein Wald ist. Wenn Knud wieder einmal Uruk besucht, kann er ihm die Bilder mitbringen.“

Material:
mehrere kleine Kartons, Naturmaterialien, Klebstoff

Jedes Kind malt ein Waldbild. Anschließend wird die Eislandschaft aufgelöst, alle Bilder werden an dem Bettlaken befestigt und an einer Wand aufgehängt.

„Ich glaube du kannst mit uns sehr zufrieden sein, oder?“

„Jetzt kann ich Uruk gut zeigen, wo ich am liebsten schlafe. Ich habe noch eine kleine Bitte: Weil ich keine gemütliche Mooswiege bauen konnte, habe ich sehr gefroren. Ich brauche ein gemütliches Bett, das ich auf solch' einer Reise mitnehmen kann. Wollt ihr mir so ein Bett bauen?“

Ein Bett für Knud

Jeweils vier Kinder bilden eine Kleingruppe. Jede Kleingruppe bekommt einen Karton. Alle gehen nach draußen und sammeln Naturmaterialien für ein weiches Knudbett. Zum Schluß wird der Karton von außen mit Blättern beklebt.

„Mit den übrig gebliebenen Materialien können wir Knud noch ein Baum-Bild basteln, das er Uruk als Geschenk mitbringen kann.“

Material:
50-60 cm große Stöcke, Band, Naturmaterialien

Ein Baum-Bild für Knud

Aus jeweils 4 Stöcken wird ein ‚Bilderrahmen' gebastelt. Dazu werden die Stöcke an den Ecken mit dem Band zusammengebunden. Anschliessend werden Bänder in kurzen Abständen von oben nach unten über den Rahmen gezogen. Auf diese Weise entsteht schließlich ein ‚Natur-Webrahmen', in dem beliebige Naturmaterialien befestigt werden können.

„Jetzt hast du es bei uns schon richtig gemütlich. Du hast einen gemalten Wald, ein Baumbett und ein Waldbild."

„Und immer, wenn wir die Bäume und den Wald besuchen, finden wir bestimmt noch eine Menge schöner Dinge, die wir mitnehmen können. Damit bauen wir dann eine tolle Waldecke. Klasse!"

Neues von den Waldgeistern

Knud ist überglücklich. Er hat sein erstes richtiges Paket bekommen. Die Waldgeister haben Knud viele interessante Walddinge geschickt, damit er es auch in der Fremde gemütlich hat. An die Kinder haben die Waldgeister auch gedacht: sie dürfen ein Rätsel lösen und bekommen eine Einladung, zusammen mit Knud den Waldgeisterfestplatz zu besuchen. Als Geschenk wollen die Kinder den Waldgeistern ein Waldlied mitbringen.

Vorab wird ein Paket mit Blättern, Nadeln, Zweigen und einem Bild von Knud beklebt. Das Paket wird gefüllt mit: einem Briefumschlag (beklebt mit Blättern und einem Bild von Knud), der einen Brief und eine Einladungskarte enthält (s.u.); abgenagten Fichtenzapfen, angenagten Haselnüssen, Ahornpropellern, einem Kiefernzapfen, einer kleinen Baumscheibe, Bucheckernhülsen, Eicheln, Kastanien, einem Klopapierrollen-Fernrohr (Bauanleitung s.u.)

Das Paket wird abgegeben. Der Empfänger lautet: Knud.

„Das ist mein erstes Paket, das ich bekomme. Wer hat mir das wohl geschickt? Helft mir doch mal, es zu öffnen!"

Die Kinder öffnen mit Knud das Paket und packen den Inhalt auf einen Tisch.

„Knud, öffne doch erst einmal den Brief, vielleicht steht darin, von wem das Paket ist?"

„Du weißt doch, daß ich nicht lesen kann. Lies ihn mir bitte vor."

Der Spieler öffnet den Brief und liest vor:

> Lieber Knud,
>
> damit du es auch in der Fremde gemütlich hast, schicken wir dir ein paar schöne Walddinge. Falls du Lust hast, kannst du sie in dein Baumbett legen.
>
> Wir würden uns freuen, wenn du uns bald im Wald besuchst.
>
> Deine Waldgeister

„Das finde ich aber nett von den Waldgeistern. Haben diese Waldgeschenke denn eine besondere Bedeutung?"

Knud nimmt die einzelnen Geschenke in die Hand und erklärt sie:

- *„Dieses sind Erinnerungsstücke von guten Waldfreunden* (angenagte Fichtenzapfen oder Haselnüsse; je nach Fraßspur können diese Freunde der Specht, das Eichhörnchen oder die Waldmaus sein).
- *Dort ist ein Baumhubschrauber* (Ahornpropeller; die Kinder schmeißen ihn einmal hoch).
- *Dieser Wetteranzeiger zeigt an, was es für Wetter gibt* (Kiefernzapfen; öffnet sich bei trockenem und schließt sich bei naßem Wetter).
- *Die Früchte sind natürlich zum Essen* (Bucheckern, Eicheln, Kastanien etc.).
- *Und das ist ein Rest von meinem Lieblingsbaum* (Baumscheibe; die Kinder bestimmen das Alter anhand der Jahresringe).*"*

„Aber das komische Ding kommt nicht aus dem Wald, oder?"

Knud hängt sich das Fernrohr um:

„Das ist mein Waldfernrohr. Ich habe es bei meinem letzten Besuch dort vergessen. Wenn wir zusammen die Waldgeister besuchen, solltet ihr euch alle ein solches Fernrohr bauen. Ich weiß allerdings nicht, ob die Waldgeister es mögen, wenn ich fremde Menschen mitbringe."

„Warte einmal, vielleicht ist in dem Briefumschlag noch etwas drin?"

Wenn du möchtest, kannst du deinen Menschenfreunden gerne einmal unseren Waldgeisterfestplatz zeigen. Ob die wohl auch unser Waldgeisterrätsel lösen können?
Es geht so:

Ich bin ein Haus ganz ohne Stein,
hab viele Wohnungen für Groß und Klein.
Hab Löcher im Dach, aber Fenster,
die findest du nicht.
Jedoch spürst du ständig
Wind, Regen und auch das Sonnenlicht.
Mein Boden riecht moderig, ist kuschelweich,
zuweil ist er stachlig,
für kleinste Tiere ein Riesenreich.
Und Regen den saugt er auf wie ein Schwamm,
drum ist er zumeist auch etwas klamm.
Zu jeder Jahreszeit ändere ich mein Kleid.
Nur im Winter, wenn es schneit,
bin ich nicht mehr grün, braun, gelb oder rot.
da bin ich nackt, seh aus wie tot.

Material:
Klopapierrollen, Klebstoff, Stifte, Schnur

„Das ist typisch für die Waldgeister, die lieben Rätsel über alles. Wißt ihr schon die Lösung?"

Die Kinder machen Lösungsvorschläge zu dem Waldrätsel. Anschließend bauen sich die Kinder ein Waldfernrohr.

Das Waldfernrohr

Jedes Kind bekommt zwei leere Klopapierrollen. Die beiden Rollen werden bemalt und anschließend zusammengeklebt. Wenn die Klebe getrocknet ist, wird in jede Rolle ein Loch gepiekt, ein Band durchgezogen und verknotet, so daß sich die Kinder das ‚Fernrohr' umhängen können.

„Jetzt haben wir fast alles für einen Waldbesuch zusammen. Laßt uns den Waldgeistern für die nette Einladung ein Geschenk mitbringen. Was meinst du Knud, ob sich die Waldgeister über ein schönes Lied freuen?"

Knud ist begeistert von dieser Idee, und zusammen singen die Kinder das Waldlied:

Der Waldspaziergang

Text und Musik von Gabi Zibret

2. Ich geh' durch den Wald und schaue umher,
ich sehe die Tiere und noch vieles mehr.
Die Vögel, die bauen in Zweigen ihr Nest
und von weitem höre ich klopfen den Specht.

Hm, hm, hm...

3. Ich geh' durch den Wald und schaue umher,
ich sehe den Fluß und noch vieles mehr.
Das Wasser, das plätschert am Ufer entlang,
die Fische und Frösche erfreun sich daran.

Hm, hm, hm...

4. Ich geh' durch den Wald und schaue umher,
ich seh die Schönheiten und freu mich sehr,
ich lache und tanze und singe ein Lied,
bin einfach glücklich, daß es den Wald gibt.

Hm, hm, hm...

Auf zum Waldgeisterfestplatz

– eine Spielaktion im Wald

Die Kinder suchen mit Knud den Waldgeisterfestplatz. Bevor sie den Festplatz im Wald erreichen, entdecken die Kinder Aufregendes, u.a. Tierspuren, Waldgeräusche, ein Baumtelefon und vieles mehr. Auf dem Festplatz angelangt, zeigt Knud den Kindern schließlich einige Waldgeisterspiele.

„Knud, wie kommen wir denn zum Festplatz der Waldgeister?"

„Ganz ehrlich, genau weiß ich das auch nicht. Laßt uns einfach losgehen. Die Waldgeister werden uns bestimmt irgendwie helfen, ihren Festplatz zu finden. Bis dahin entdecken wir vielleicht ein paar Spuren von meinen Freunden, den Waldtieren. Ich bin gespannt, wer von euch die erste Spur findet. Eure Waldfernrohre helfen uns sicher dabei.

Tierspuren

Material:
Tüten

Vor der Spielreise in den Wald geht die Spielleitung den geplanten Weg ab und achtet auf Fuchs- und Dachsbauten, Mauselöcher, angenagte Zapfen und Haselnüsse, Blätterfraß, Spinnennetze, Insekteneier, Vogelnester, Spechtlöcher, Maulwurfshügel, Eichengallen, Hasenköttel, Gewölle, Federn, Tierfußspuren u.a..
Während des Spaziergangs werden Knud und die Kinder auf diese Spuren aufmerksam gemacht. Spuren, die sich problemlos sammeln lassen, werden in den Tüten mitgenommen.
Zwischendurch hält Knud plötzlich inne:

„Ich habe noch eine Spur gefunden. Schließt alle die Augen und seid ganz still."

Hörst du was?

Alle schließen die Augen, lauschen ganz ruhig und versuchen, verschiedene Tiergeräusche zu hören: Vogellaute, Grillenzirpen, Insektensummen usw.
Die Hände sind zu Fäusten geballt und für jedes Geräusch, das ein Kind hört, streckt es einen Finger aus. Anschließend erzählt jedes Kind, wieviele verschiedene Tiergeräusche es gehört hat.

„Schade, ich hätte gerne einen Fuchs gehört."

„Da kannst du lange warten. Der Fuchs kommt erst heraus, wenn es dunkel ist. Und selbst dann kannst du ihn nicht hören, weil er sich ganz leise bewegt. Sonst hörte ihn jeder, und er bekäme nichts zu fressen.

Ob ihr auch so leise schleichen könnt wie ein Fuchs?"

Leise wie ein Fuchs

Material:
Augenbinde

Ein Kind wird zum Hasen. Es bekommt die Augen verbunden. Die anderen Kinder sind Füchse und stellen sich ca. 10 m vom Hasen entfernt auf. Die Füchse schleichen auf den Hasen zu. Sie müssen versuchen, sich neben den Hasen zu stellen, ohne daß dieser das bemerkt. Immer, wenn der Hase ein Geräusch bemerkt, zeigt er in die Richtung, aus der das Geräusch kam. Der Fuchs, auf den er dabei zeigt, ist dann erstarrt. Er darf sich nicht mehr weiter bewegen.

„Ihr seht, es ist gar nicht so leicht, im Wald ganz leise zu schleichen. Und die Waldtiere können noch viel besser hören als die Menschen. Wenn ihr also Tiere im Wald beobachten wollt, müßt ihr immer versuchen, ganz leise zu sein."

„Wie können sich denn die Waldgeister im Wald unterhalten?"

„Mit dem Telefon natürlich. Habt ihr noch nie ein Baumtelefon gesehen?"

Das Baumtelefon

Knud führt die Kinder zu einem abgesägten Baumstamm: je länger desto besser. Ein Kind geht mit Knud an ein Ende, der Rest der Kinder zum anderen Ende des Stammes. Zusammen mit Knud klopft das Kind ganz leise auf die Schnittfläche des Baumes. An der Schnittfläche des anderen Baumendes ist dieses Klopfen ganz deutlich zu hören.

„Die Waldgeister können auch ganz genau sagen, wie alt ihr Baumtelefon ist. Wenn mir einer beim Zählen hilft, kann ich euch das einmal vorführen!"

Wie alt bin ich

Knud zählt zusammen mit einem Kind die Jahresringe eines Baumes ab.

„Machen die Waldgeister eigentlich etwas besonderes, bevor sie zu ihrem Festplatz ziehen?"

„Oh ja! Bevor sie losziehen, bitten sie die Bäume um ihre Hilfe auf den langen Wegen zu den Festplätzen:

Waldfestvorbereitung

Material:
Augenbinden

Die Kinder bilden Paare. Jedes Paar bekommt eine Augenbinde. Ein Kind bekommt die Augen verbunden. Das andere Kind führt den „Blinden" vorsichtig zu einem Baum in der Nähe. Das blinde Kind berührt den Baum und versucht, sich seine Besonderheiten einzuprägen. Anschließend wird es zurück zum Ausgangspunkt geführt. Sehend muß es nun den ertasteten Baum wiederfinden. Danach wird getauscht. Variante für jüngere Kinder: Mehrere Kinder bilden eine ‚blinde Schlange' und die Spielleitung übernimmt die Führung.

„Ich finde, das ist eine sehr liebevolle Vorbereitung auf ein Waldfest, Knud. Knud? Knud? Wo ist Knud? Knud ist verschwunden. Wir müssen ihn suchen, sonst kommen wir nie zum Festplatz der Waldgeister."

Knud ist weg

Die Kinder schwärmen aus und suchen Knud. Hat ein Kind Knud gefunden, bleibt es am Fundort und ruft die anderen Kinder.
Vorher wird Knud während der Waldfestvorbereitung unbemerkt versteckt. Besonders schöne Verstecke sind solche, an denen Tiere oder Tierspuren zu beobachten sind: Baum- oder Erdhöhlen, ein moderiger Baumstumpf o.ä. Wird Knud gefunden, kann er auf diese Tiere oder Tierspuren aufmerksam machen.
Ein weiteres gutes Versteck sind ein Haufen Brennesseln:

„Knud, was machst du denn in den Brennesseln? Brennt das nicht fürchterlich?"

„Ich bin gerne bei den Brennesseln. Einige von meinen Schmetterlingsfreunden können ihre Eier nur auf Brennesseln ablegen.

Das Dumme ist nur, daß ich mich ab und zu ganz schön verbrannt habe. Zum Glück haben mir die Waldgeister gezeigt, wie ich mich nicht verbrenne.“

Hilfe, es brennt

Die Brennessel ist übersät mit kleinen Brennhaaren. Werden diese gegen den Strich gestrichen, dann brechen sie ab und bohren sich in die Haut und verursachen das unangenehme Brennen. Das Blatt kann gefahrlos berührt werden, wenn es vom Stengel weg nach außen berührt wird.

„Hast du bei deinem Ausflug einen Hinweis auf den Festplatz gefunden?“

„Das hätte ich doch fast vergessen. Ich habe sogar mit den Waldgeistern gesprochen. Leider sind sie sehr scheu. Sie wollen sich nicht selber zeigen. Sie haben mir aber verraten, wo der Festplatz ist, und dort haben sie sich in Bäume und Pflanzen verzaubert. Auf diese Weise können sie uns trotzdem genau zuschauen, wenn wir gleich ihre Waldspiele machen.“

„Geht jeder Waldgeist alleine den langen Weg durch den Wald zu ihrem Festplatz?“

„Nein! Sie schließen sich zu kleinen Stämmen zusammen. Dann wählen sie sich ein Waldtier, das sie unterwegs beschützt.“

Waldtiere

Material:
Kärtchen mit Tierabbildungen

Es bilden sich mehrere Kleingruppen. Jede Kleingruppe bekommt verdeckt ein Kärtchen mit der Abbildung eines Waldtieres. Die Kleingruppen überlegen sich, wie sie das Tier den anderen pantomimisch mit Geräuschen vorstellen können. Anschließend kommen die Gruppen wieder zusammen. Nacheinander stellt jede Kleingruppe ihr Waldschutztier vor, die anderen Gruppen raten.
Danach geht es weiter zum Festplatz.

Der Festplatz

Der Festplatz ist ein Bereich im Wald, der relativ viel freien Bewegungsraum haben soll; d.h. wenig Unterholz oder dorniges Gestrüpp, aber möglichst viele alte Bäume.

„Immer, wenn die Waldgeister auf ihrem Festplatz ankommen, bedanken sie sich beim Wald und seinen Bewohnern mit einem Geschenk. Sie bauen ein Walddenkmal.“

Das Walddenkmal

Jede Waldtiergruppe sucht sich einen Platz, an dem sie ein Walddenkmal aus verschiedenen Naturmaterialien baut.

„Wir haben doch ein schönes Geschenk für die Waldgeister vorbereitet. Laßt uns zusammen das Waldlied singen."

Gemeinsam wird das Waldlied gesungen.

„Knud, ich bin jetzt so gespannt auf die Waldgeisterspiele. Kannst du uns jetzt welche zeigen?"

„Ein Lieblingsspiel der Waldgeister ist das Suchspiel. Dazu brauchen wir eine Zauberdecke. Ihr dürft die Zauberdecke aber nicht berühren, sonst verschwinden alle Dinge, die auf der Decke liegen. Alle drehen sich nun um und schließen die Augen."

Das Suchspiel

Material:
Decke, verschiedene Waldmaterialien

Die Spielleitung hat vorab einige Waldmaterialien gesammelt, die in der Nähe des Festplatzes zu finden sind.
Die Waldmaterialien und Knud werden auf eine Hälfte der Decke gelegt. Dann wird die andere Hälfte darüber geschlagen. Die Kinder dürfen sich wieder umdrehen und die Augen öffnen. Die Decke wird aufgeschlagen. Die Kinder haben ca. eine halbe Minute Zeit, in der sie sich alle Dinge auf der Decke einprägen sollen. Anschließend suchen sie all diese Dinge in der Umgebung. Zum Schluß werden die Funde bestimmt und verglichen. Knud ist dabei gespannt, was für einen Ersatz-Knud die Kinder wohl mitbringen.

„Weil die Waldtiere gute Freunde der Waldgeister sind, spielen wir jetzt ein besonderes Tierratespiel."

Wer bin ich?

Material:
Papier, Stift, evtl. Tierabbildungen

Vorbereitung:
Die Spielleitung überlegt sich ca. 6 Sätze, mit denen ein Lebewesen beschrieben wird, das die Kinder erraten sollen. Der erste Satz enthält eine allgemeine Beschreibung eines Tieres oder einer Pflanze. Die folgenden Aussagen werden immer einfacher und genauer. Mit dem letzten Satz kann das Lebewesen von den Kindern leicht erraten werden.

Spielbeschreibung:
Die Spielleitung liest die vorbereiteten Sätze vor. Nach jedem Satz wird eine Pause gemacht. Glaubt ein Kind, die Lösung zu wissen, so legt es den Zeigefinger auf die Nase. Es geht zu Knud und flüstert ihm die Lösung ins Ohr. Die Sätze werden alle vorgelesen, unabhängig davon, ob bereits eine richtige oder falsche Nennung erfolgte. Somit haben alle Kinder die Chance, das Lebewesen zu erraten.

Variationen für jüngere Kinder:
Zu jedem zu erratenden Lebewesen gibt es zusätzlich ein Bild, das auf dem Boden liegt.
Übrigens können die Lösungswörter mit einem Spiegel entziffert werden.

Rätselbeispiele:

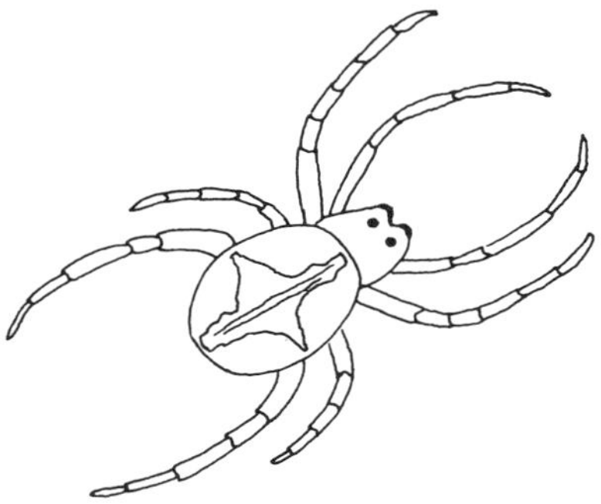

1. Ich bin nicht viel größer als ein 10 Pfennigstück.
2. Ihr findet mich fast überall. Im Wald bewohne ich den Waldrand.
3. Im Herbst verstecke ich meine Eier in einem Kokon unter Laub.
4. Ich bin ein Fleischfresser.
5. Ich töte meine Beute mit Gift.
6. Ich fange meine Beute mit einem Netz.
7. Mein Name kommt von dem Kreuz auf meinem Hinterleib.

Kreuzspinne

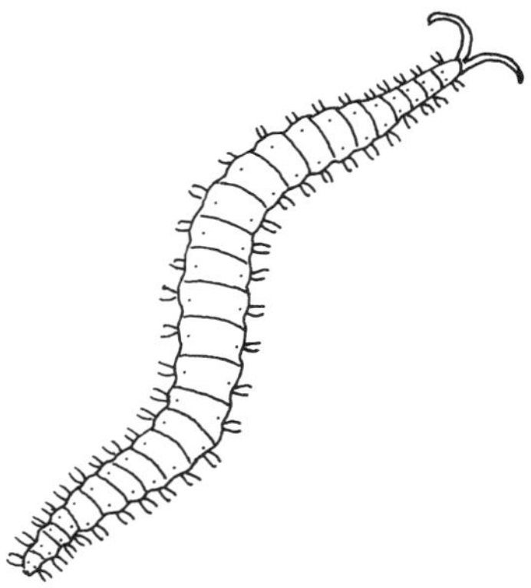

1. Ich lebe auf dem Waldboden.
2. Ich kann ohne weiteres acht Jahre alt werden.
3. Ich bin ein Pflanzenfresser.
4. Meine Nahrung sind moderndes Laub und andere abgestorbene Pflanzenteile. Man nennt mich deshalb auch „Müllverwerter“ des Waldes.
5. Meine Feinde sind Ameisen und räuberische Laufkäfer. Vor denen schütze ich mich durch die Absonderung der sehr giftigen Blausäure.
6. Ich sehe ein bißchen aus wie ein Regenwurm. Ich habe aber bis zu 520 fadendünne Beine und Füße, keine Tausend.

Tausendfüßler

1. Ich habe eine sehr runzelige Haut.
2. Ich esse gerne Blätter und Stengel von Pflanzen.
3. Ich lege 60-80 erbsengroße Eier in ein Erdloch und ich werde bis zu 12 Jahre alt.
4. Ich bin sehr ängstlich und ziehe mich bei Gefahr zurück.
5. Ich bewege mich auf einer Schleimspur vorwärts.
6. Ich trage mein Haus immer mit mir herum. Wer meinen Namen kennt, könnte meinen, daß ich nur auf dem Weinberg lebe. Ich fühle mich aber auch an Waldrändern und in Gärten wohl.

Weinbergschnecke

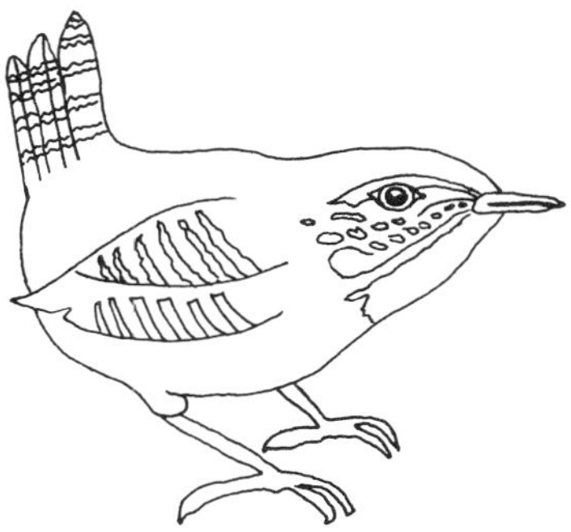

1. Ich bin ein ganz kleiner Wicht, aber mein Gesang ist unüberhörbar.
2. Ich lebe meist in Bodennähe im Gestrüpp.
3. Ich husche wie eine Maus durch das Gestrüpp von Deckung zu Deckung.
4. Ich esse Insekten, Würmer und Spinnen.
5. Ich bin einer der kleinsten Vögel.
6. Als Männchen baue ich mehrere Nester, von denen sich das Weibchen eines aussuchen darf.
7. Auch wenn ich so klein bin, bin ich doch ein König.

Zaunkönig

1. Ich habe vier Füße.
2. Ich baue mir mehrere Nester. Bei Gefahr schleppe ich meine Jungen in ein anderes Nest. Wenn meine Jungen geboren werden, sind sie nackt und blind.
3. Ich sorge dafür, daß neue Bäume wachsen.
4. Meine größten Feinde sind der Marder und der Habicht. Bei Gefahr kann ich von den Bäumen springen und meinen Schwanz als Fallschirm benutzen.
5. Ich bin ein sehr quierliger Bewohner des Waldes. Auf Bäumen herumzuklettern ist meine Spezialität.
6. Ich sammle und esse Nüsse, Eckern und Nadelbaumsamen. Für den Winter lege ich mir einen Vorrat an. Manchmal esse ich aber auch Schnecken, Eier oder Jungvögel.
7. Ich habe einen buschigen Schwanz, den man auch ‚Fahne' nennt.

Eichhörnchen

1. Ich bin ein nützlicher Insektenvertilger. Im Herbst und Winter esse ich aber auch Früchte, Nüsse und Samen.
2. Ich habe einen sehr harten Schnabel und meine lange klebrige Zunge hat Widerhaken und eine scharfe Spitze.
3. Um ein Weibchen anzulocken, mache ich Liebeslieder auf einem hohlen Baum. Wenn kein Baum in der Nähe ist, dann nehme ich dazu auch einmal eine Dachrinne oder eine Fernsehantenne.
4. Zusammen mit meinem Weibchen baue ich das Nest. Dazu meißeln wir ein großes Loch in einen kranken Baum.
5. Damit wir nicht vom Baum herunterfallen, stützen wir uns mit unserem Schwanz ab. Außerdem haben wir richtige Klammerfüße mit je zwei Zehen hinten und vorne.
6. Mein Gefieder ist schön bunt: schwarz, weiß und rot.
7. Ich bin die häufigste Spechtart.

Buntspecht

„Die Waldgeister lieben Rätsel über alles. Darum spielen sie auf ihren Festen auch zwei ganz besondere Rätselspiele."

Wahr oder falsch

Es bilden sich zwei gleich große Gruppen. Sie stellen sich in zwei Reihen in einem Abstand von ca. 2 m gegenüber auf. Hinter jede Gruppe wird in ca. 5 m Enfernung ein Stock gelegt: die Schutzlinie.
Eine Gruppe liebt die Wahrheit über alles. Die andere natürlich auch, aber sie flunkert auch manchmal ganz gerne.
Knud sagt nun etwas, das wahr oder falsch sein kann. Ist die Aussage falsch, versuchen die Wahrheitsliebenden, ihre Schutzlinie zu erreichen, bevor sie von den Flunkerern abgeschlagen werden. Bei einer wahren Aussage ist es umgekehrt. Wer abgeschlagen wird, wechselt die Gruppe.

Beispiele:
1. Die Laubbäume verlieren im Winter ihre Blätter! (wahr)
2. Alle Nadelbäume behalten im Winter ihre Nadeln! (falsch: die Lärche verliert ihre Nadeln)
3. Das größte Lebewesen auf der Welt ist der Blauwal! (falsch: der Baum)
4. Da vorne der Baum ist ein(e)...!
5. Es gibt Bäume, die sind über 4000 Jahre alt! (wahr)
6. Im Sommer ist es im Wald wärmer als in der Stadt! (falsch)
7. Die Pflanzen schenken uns die Luft zum Atmen! (wahr)

Wer kennt das ABC?

Material:
29 Buchstabenkarten je Gruppe

Vorbereitung:
Für jede Gruppe wird ein Kartensatz erstellt, der aus 29 Leerkarten besteht. Auf jede Karte wird ein Buchstabe des Alphabets geschrieben, auf die letzten drei die Buchstaben Ä, Ö und Ü.

Spielbeschreibung:
Die Kinder werden in Kleingruppen eingeteilt. Jede Gruppe erhält einen Kartensatz. Von der Spielleitung wird ein Gegenstand aus dem Wald umschrieben, der von den Kleingruppen zu erraten ist. Meint eine Gruppe, das gesuchte Wort zu wissen, so sucht sie so schnell wie möglich die entsprechenden Buchstabenkarten zusammen und hält sie in der richtigen Reihenfolge hoch.

Beispiele:

1. Ich gehe immer um den Baum und kann doch nie hinein. Du findest mich an jedem Baum und nicht nur an der Linde, mich, die **...Rinde.**

2. Wir krallen uns fest und haben doch keine Tatzen. Wir leben zumeist ganz im Dunkeln. Mal sind wir haaresklein, mal sind wir dick wie ein Elefantenbein. Ohne uns würden die Pflanzen verdursten oder hinfallen. So mancher tut über uns purzeln, über uns, die **...Wurzeln.**

3. Ich bin ein Strauch, der besonders an Waldrändern und auf Waldlichtungen wächst. Meine Zweige sind hohl, deshalb kannst du daraus Blasrohre schneiden. Aus meinen gelblichweißen Blüten könnt ihr einen guten Tee kochen. Mein Name kommt von einer Göttin: Frau Holle. Darum hieß ich früher auch Hollerstrauch. Aus meinen schwarzen Beeren könnt ihr einen leckeren roten Saft pressen. **...Holunder.**

„Es ist an der Zeit, daß wir den Waldgeistern ihren Festplatz wieder überlassen. Machen sie denn noch etwas besonderes zum Abschluß eines Waldfestes?“

Die Waldgeister schließen ihre Feste immer mit einem großen Umzug ab. Alle fassen sich an den Händen und gehen dann mit nackten Füßen einmal um den Festplatz.“

Mit Knud in den Herbst

– eine Jahreszeit in Spiel und Theater

Ein Umweltprojekt, das im Herbst an mehreren Tagen durchgeführt werden kann.

Zusammen mit Knud besuchen die Kinder ein Waldstück oder einen Park, in dem verschiedene, große Bäume wachsen. Dort angekommen erzählt Knud:

„Wißt ihr, daß uns die Bäume ein besonderes Geschenk machen, wenn wir ihnen genau zuhören: sie erzählen uns dann wunderbare Geschichten. Sie sind nämlich schon sehr alt und haben viel erlebt."

Baumgeschichten

Knud zeigt den Kindern, wie sie dem Baum zuhören müssen, danach machen alle es nach: mit beiden Händen die Rinde abtasten, die Augen schließen und so eine zeitlang verweilen. Wenn alle Kinder damit fertig sind, erzählen sie Knud die Geschichten, die der Baum ihnen erzählt hat.

„Die Bäume haben mir auf diese Weise schon viele schöne Geschichten erzählt. Habt ihr eine Idee, wie ich mir merken kann, welcher Baum mir welche Geschichte erzählt hat?"

Die Kinder machen Vorschläge, wie sie Knud helfen können.

„Das beste wäre, wenn du immer etwas von dem Baum mitnehmen könntest, was dich an ihn erinnert."

„Ich will ihm aber doch nicht weh tun."

„Ich glaube, ich habe eine Idee, wie wir etwas von dem Baum mitnehmen können, ohne ihm weh zu tun: wir machen einen Abdruck von seiner Rinde."

Rindenabdrücke

Material:
Papier, Tesakrepp, breite Wachsmalstifte, einfacher Brennton, großer Karton

Variante 1 – für jüngere Kinder geeignet:
Ein Papierbogen wird mit Tesakrepp am Baum befestigt. Jedes Kind rubbelt anschließend mit der breiten Seite des Wachsmalstiftes über das Papier.

Variante 2 – für ältere Kinder geeignet:
Jedes Kind bekommt eine dünne Scheibe Ton. Diese wird mit der Hand weich geknetet und anschließend fest auf die Rinde gedrückt. Danach wird der Ton vorsichtig von der Rinde abgezogen. Um den Rücktransport zu erleichtern, werden die Tonabdrücke in den Karton gelegt. Es können dann Gipsabdrücke von den Tonvorlagen gemacht werden.
Bei beiden Varianten vergleichen die Kinder zusammen mit Knud noch vor Ort die unterschiedlichen Abdrücke.

Gipsabdruck

Material:
Eimer, Gips

Die Kinder rühren zunächst den Gips an. Er sollte eine leicht fließende Konsistenz haben. Die Gipsmasse wird anschließend in einer Dicke von ca. 1 cm aufgetragen. Da der Gips schnell hart wird, sollte nie mehr als eine Gipsmenge für ca. 4 Abdrücke angerührt werden. Nach ca. einer halben Stunde kann die Tonmasse vorsichtig vom Gips gelöst werden. Der Ton kommt anschließend sofort in eine Plastiktüte, damit er für späteren Gebrauch weich bleibt.
Zum Schluß werden die Rindenschraffuren und die Rindenabdrücke in Knuds Waldecke gehängt.

Für sein nächstes Erscheinen hat sich Knud etwas besonderes ausgedacht:

Ausschnitt-Raten

Material:
DIN A3 große Pappe, Laub

Vorbereitung:
In der Mitte einer DIN A3 großen Pappe wird ein kleines Loch ausgeschnitten (ca. 4 cm groß). Die restliche Fläche der Pappe wird auf einer Seite mit Blättern beklebt.

Alle sitzen im Stuhlkreis. Die Spielleitung versteckt Knud hinter der Pappe, so daß die Kinder nur den kleinen Ausschnitt von ihm im Loch sowie die Blätter sehen können.

„Wer von euch weiß, was ich hinter dieser Pappe versteckt habe?“

Nachdem die Kinder Knud erraten haben, kriecht Knud langsam hinter der Pappe hervor.

„Das habt ihr aber schnell erraten. War ja auch nicht schwer, oder? – Ich habe darum einige Sachen mitgebracht, die nicht ganz so leicht zu erraten sind. Es sind alles Geschenke, die uns der Wald macht.“

Waldgeschenke

Material:
Abbildungen von Knud, mehrere Din A4 große Pappen, Waldmaterialien, Decke, Säckchen

Vorbereitung:
In die Mitte der DIN A4 großen Pappen werden kleine Löcher geschnitten (ca. 2 cm groß). Auf die Vorderseite wird jeweils eine Abbildung von Knud geklebt. Auf die Rückseite werden jeweils Waldmaterialien mit Tesafilm befestigt, so daß nur ein kleiner Ausschnitt im Loch zu sehen ist. Als Waldmaterialien eignen sich z.B.: Ahornpropeller, Schuppe eines Fichtenzapfens, durchgeschnittene Kastanie, Stück Rinde (Innenseite), Eichelhütchen, Lärchenzweig, o.ä.
Die Pappen werden mit der Knudabbildung nach oben auf den Boden gelegt. Das ganze wird mit einer Decke verdeckt. Zum Raten wird die Decke weggenommen. Die Kinder versuchen, die verdeckten Waldmaterialien zu erraten.
Eine zusätzliche Geschenkvariante ist:
Aus Stoff werden mehrere Säckchen genäht und mit einem Gummi versehen. So kann niemand direkt in die Säckchen schauen, aber mit einer Hand hineingreifen. In die Säckchen werden verschiedene Waldmaterialien gelegt.
Für diese Raterunde werden die Säckchen im Stuhlkreis verteilt und herumgereicht.

„Der Wald hat wirklich viele Geschenke für uns. Aber das farbigste Waldgeschenk fehlt noch. Wer weiß, was das farbigste Waldgeschenk ist? – Genau, die Blätter! Ich habe mich schon immer gewundert, warum die Blätter gerade im Herbst so schön bunt sind. Die Waldgeister haben mir das mit einer schönen Geschichte erklärt und die geht so:“

Die Bunte-Blätter-Geschichte

In den Blättern wohnen viele kleine Anstreicher. Die Anstreicher sind so klein, daß keiner sie sehen kann. Jeder Anstreicher hat einen Farbtopf mit nur einer einzigen Farbe: Grün, rot, gelb oder braun. Da es aber mehr grüne als bunte Anstreicher gibt, übermalen diese mit ihrer grünen Farbe alle anderen Farben. Im Herbst, wenn es kühler wird, frieren die grünen Anstreicher sehr schnell. Darum klettern sie aus den Blättern zurück in den Baumstamm, der sie mit seiner Rinde vor der Kälte schützt. Haben sich alle grünen Anstreicher in den Baum zurückgezogen, machen sie einfach die Tür hinter sich zu. Den bunten Anstreichern macht das nichts. Sie bleiben in den Blättern und können nun endlich nach Herzenslust ihre Farbe auf die Blätter malen. Später im Herbst fällt das Blatt mit den bunten Anstreichern auf den Boden. Die grünen Anstreicher haben ja die Tür zum Blatt zugemacht und darum bekommen die Blätter keine Nahrung mehr. Den bunten Anstreichern ist das egal. Irgendwann wird sie der Baum mit seinen Wurzeln wieder aufnehmen.

Warum werden die Blätter im Herbst farbig?
Bäume enthalten unzählige Farbstoffe, die den Laub- bzw. Nadelblättern ihre charakteristische grüne, braune, gelbe oder rote Farbe geben.
Die grünen Farbstoffe (Chlorophylle) sind für die Pflanzen besonders wichtig. Denn sie können die Sonnenenergie 'einfangen' und damit aus Wasser und Kohlendioxid den lebensnotwendigen Sauerstoff bilden. Für die Neuproduktion der grünen Blattfarbstoffe benötigt der Baum jedoch sehr viel Energie. Um diese Energie nicht in jedem Jahr neu aufbringen zu müssen, haben laubabwerfende Bäume den folgenden 'Energiespar-mechanismus' entwickelt: Die wertvollen grünen Chlorophylle werden im Herbst, bevor die Blätter vom Baum fallen, wieder zurück durch den Blattstiel in den Baumstamm transportiert. Dort lagern sie bis zum nächsten Frühjahr. Den Start für diesen Rücktransport geben im Herbst die kühleren Temperaturen und kürzer werdenen Tage. Nach dem Abtransport aus den Blättern sind dann nur noch die andersfarbigen Blattfarbstoffe vorhanden. Diese sind dafür verantwortlich, daß die Blätter bunt erscheinen. Für ihre Bildung benötigt der Baum sehr viel weniger Energie, so daß es nicht notwendig ist, diese Stoffe für das kommende Jahr aufzubewahren. Der Baum wirft sie mit dem Blattfall fort und bildet sie jedes Jahr neu.

„Laßt uns nach draußen gehen und uns die bunten Blätter genauer anschauen. Jeder kann ein paar Blätter sammeln und mitnehmen. Damit bekleben wir die kleinen Rätselpappen genau so, wie Knud es mit seiner großen gemacht hat. Nachher hängen wir sie in Knuds Waldecke und können es so Knud noch gemütlicher machen."

Alle gehen nach draußen zu dem Platz, an dem schon die Rindenab-drücke genommen wurden.

„Sag mal Knud, wenn die Bäume im Herbst so viele Geschenke geben, werden die Waldgeister das doch bestimmt auch besonders feiern, oder?"

„Na klar! Im Herbst bauen die Waldgeister viele große Blätter-haufen, und dann..."

Blätterschlacht

Material:
Tüten, Tuch

Die Kinder bauen in einem Umkreis von ca. 10 m mehrere große Blätter-haufen. Anschließend wird eine ausgiebige Blätterschlacht veranstaltet. Danach sammeln die Kinder Blätter für die Beklebaktion.

Material:
Tuch

Während die Kinder Blätter in Tüten sammeln, sucht ein Spieler Blätter von verschiedenen Bäumen. Darunter sind auch die, von denen die Rindenabdrücke genommen wurden. Alle ausgesuchten Blätter werden auf das Tuch gelegt. Knud wird dazu gesetzt. Die Kinder werden zusammengerufen.

„Habt ihr schon gemerkt, daß jeder Baum andere Blattgeschenke macht? So kann ich jeden Baum nicht nur an seiner Rinde erkennen, sondern auch an seinen Blättern. Könnt ihr das auch?"

Baum und Blatt

Alle schauen sich die Blätter auf dem Tuch an. Sie vergleichen sie und benennen die Unterschiede. Noch unbekannte Bäume bekommen einen Fantasienamen, der zum Blatt paßt (z.B. könnte die Birke dann ‚Flammenbaum' und die Kastanie ‚Großfingerbaum' heißen). Anschließend suchen alle gemeinsam für jedes Blatt den richtigen Baum.

„Jetzt können wir nicht nur die kleinen Rätselpappen mit Blättern bekleben. Wir können auch zu unseren Baumrindenabdrücken immer das passende Blatt legen. So erkennen wir viel leichter, welcher Baum uns eine Geschichte erzählt hat."

Herbstsuche

Material:
7 Tücher, Laub, weißes Bettlaken, Apfel, Aster, Wolle, Nägel, Holzstück, Pappe

Vorbereitung:
Die Spielleitung besorgt sich die in Knuds Herbsterzählung (s.u.) vorkommenden Herbstelemente.

* Der Nebel wird durch ein weißes Bettlaken symbolisiert.
* Für das Spinnennetz werden kleine Nägel in ein Holzstück geschlagen. Anschließend wird ein Wollfaden in einer für ein Spinnennetz charakteristischen Form um die Nägel gewickelt.
* Für den Sturm wird eine Wolke mit einem blasenden Gesicht auf eine Pappe gemalt.

Die Herbstelemente und Knud werden in die Mitte des Raumes gelegt und jeweils mit einem Tuch zugedeckt.

Die Kinder kommen im Stuhlkreis zusammen.

„Komisch, daß Knud noch nicht da ist. Er hat gestern etwas Besonderes erlebt und wollte es euch erzählen.
Er wird sicher nichts dagegen haben, wenn ich euch sein Erlebnis schildere:
Gestern saß Knud im Wald auf einem Baum und beobachtete einige Kinder. Die Kinder suchten den Herbst."

Herbst

Bist du der Herbst?
fragen die Kinder das bunte Laub.
Nein, sagt das bunte Laub.
Ich bin nur sein Kleid.

Bist du der Herbst?
fragen die Kinder den dichten Nebel.
Nein, sagt der dichte Nebel.
Er versteckt sich in mir.

Bist du der Herbst?
fragen die Kinder den rotbackigen Apfel.
Nein, sagt der rotbackige Apfel.
Ich gehöre zu seinem Gepäck.

Bist du der Herbst?
fragen die Kinder die zartgelbe Aster.
Nein, sagt die zartgelbe Aster.
Ich stehe an seinem Weg und grüße ihn.

Bist du der Herbst?
fragen die Kinder das dünne Spinnweb.
Nein, sagt das dünne Spinnweb.
Ich will ihn fangen; aber er entwischt mir immer.

Bist du der Herbst?
fragen die Kinder den heulenden Sturm.
Nein, sagt der heulende Sturm.
Ich bin seine gewaltige Stimme.

Bist du der Herbst?
fragen die Kinder Knud, der auf dem Baum sitzt.
Nein, ich bin Knud;
mir zeigt er jedes Jahr ein bißchen mehr, wie er ist.

War er dieses Jahr schon bei dir?
fragen die Kinder Knud.
Ich weiß es nicht. Er berührt mich immer so zart,
daß ich ihn nicht spüre.

Und wie sieht er aus?
fragen die Kinder neugierig.
Das weiß ich auch nicht.
Es hat ihn noch niemand selbst gesehen.

Quelle: Kurt Meiers (leicht veränderte Fassung)

Wird während der Herbsterzählung eines der Herbstelemente erwähnt, entfernt die Spielleitung kurz das entsprechende Tuch. Anschließend wird es mit dem Tuch wieder verdeckt, mit einer Ausnahme: Knud. Wenn Knud an der Reihe ist, spricht dieser für sich selbst und wird nicht wieder verdeckt.
Wenn die Herbsterzählung beendet ist, sagt Knud zu den Kindern:

„Die Kinder haben den Herbst wohl nicht gefunden, aber sie haben einige Dinge entdeckt, die immer auftauchen, wenn der Herbst da ist. Mal schauen, ob ihr euch alles gut gemerkt habt."

Knud geht von einem Tuch zum anderen. Die Kinder versuchen, das verdeckte Herbstelement zu benennen. Wenn ein Herbstelement richtig erraten wird, wird das Tuch weggenommen. Am Schluß liegen alle Herbstelemente sichtbar auf dem Boden.

„Ich finde dieses Erlebnis von Knud so schön, daß wir es auch euren Eltern erzählen sollten."

„Oh ja! Ihr müßt euch nur verkleiden, dann können wir eure Eltern mit einem richtigen Herbsttheaterstück überraschen. Ich bin gespannt, wie eure Knudverkleidung aussehen wird."

Herbsttheaterstück

Für die Aufführung des Theaterstücks sind folgende Vorbereitungen zu treffen:
- Rollenverteilung,
- Herbstkulisse erstellen,
- Herbstverkleidungen basteln.

Rollenverteilung:
Zunächst werden folgende Rollen verteilt:
- 2-4 Kinder für die fragenden Kinder,
- 3-6 Kinder für das Laub,
- 3-6 Kinder für den Nebel,
- 1-2 Kinder für den Apfel,
- 1-2 Kinder für die Aster,
- 1-2 Kinder für das Spinnweb,
- 3-5 Kinder für den heulenden Sturm,
- 1 Kind als Knud.

Die Herbstkulisse:
Für die Rolle der ‚fragenden Kinder' sind keine eigenen Kostüme vorgesehen. Darum sollten diese hauptverantwortlich für die Gestaltung der Kulisse sein.
Als guter Einstieg für eine Herbstkulisse eignen sich schon die verschie-

denen Waldkunstwerke, die die Kinder in den Tagen zuvor gebastelt haben: die Rindenabdrücke, die mit Blättern beklebten Rätselpappen. In den anderen Teilen der Waldeinheit sind noch weitere ‚Waldkunstwerke' beschrieben, die sich auch sehr gut eignen.
Zusätzlich können die Kinder auf mehrere große Plakate Bäume und die im Theaterstück angesprochenen Herbstelemente malen und mit Blättern bekleben.

Die Herbstverkleidungen

Grundlage aller Herbstverkleidungen sind große Papiertüten bzw. Jutesäcke, die die Kinder später wie ein Gewand überstülpen können. Für den Kopf und die Arme werden entsprechend große Stücke aus der Papiertüte ausgeschnitten. Bei Jutesäcken wird an diesen Stellen die Naht aufgetrennt.
Außerdem sind noch verschiedene Kopfbedeckungen vorgesehen.

* **Die Laubverkleidung:**
Das Gewand wird von beiden Seiten mit Blättern beklebt. Für die Kopfbedeckungen wird eine Reifmaske gebastelt und mit Blättern beklebt.

* **Die Nebelverkleidung:**
Zunächst wird ein großes weißes Bettlaken benötigt. Entsprechend der Anzahl der Nebeldarsteller werden in die Mitte des Lakens Löcher in Kopfgröße geschnitten.
Für die Kopfbedeckung wird eine Reifmaske mit Watte und weißen Papierstreifen beklebt.

* **Die Apfelverkleidung:**
Das Gewand wird mit einem großen roten Apfel aus Pappe beklebt. Für die Kopfbedeckung wird ein grünes Hütchen mit braunem Stengel gebastelt. Zum Schluß werden die Wangen des Kindes noch rot geschminkt.

*** Die Asternverkleidung:**
Aus Pappe wird eine Aster gebastelt und auf das Gewand geklebt.
Für die Kopfbedeckung wird ein gelber Pappkreis mit ca. 40 cm Durchmesser ausgeschnitten. Der Rand wird in Form einer Blüte beschnitten. In der Mitte wird in der Größe des Gesichtes ein Loch ausgeschnitten. Zum Schluß wird an zwei Stellen ein Gummi befestigt.

*** Die Spinnwebverkleidung:**
Auf das Gewand wird mit Wolle ein großes Spinnennetz genäht. Für die Kopfbedeckung wird eine Reifmaske mit schwarzen Wollfäden beklebt.

*** Die Sturmverkleidung:**
Das Gewand wird mit mehreren blauen Pappwolken und einem pustenden Gesicht beklebt.
Für die Kopfbedeckung wird eine große weiße Pappwolke hergestellt. In die Mitte wird ein gesichtsgroßes Loch geschnitten. Zum Schluß wird an zwei Stellen ein Gummiband befestigt.
Die Haare können u.U. mit Haargel ‚stürmisch' gestylt werden.

*** Die Knudverkleidung:**
Das Gewand wird mit grünem Stoff oder grünem Kreppapier beklebt. Für die Kopfbedeckung wird ein gelber Pappkreis mit ca. 30 cm Durchmesser benötigt. Am Rand werden acht Zacken ausgeschnitten. An zwei Stellen wird ein Gummiband befestigt.
Zum Schluß wird das Gesicht des Kindes grün geschminkt.

Geräuschkulisse:
Bei einer Aufführung können die einzelnen Darsteller zusätzlich mit einer entsprechenden Geräuschkulisse eingeführt werden.
- Laub (knistern von Laub oder Zeitungspapier)
- Nebel (Wallen auf einem Metallophon)
- Apfel (Pfeifen für das Fallen und Klangstäbe für das Aufschlagen eines Apfels; in Äpfel beißen)
- Aster (Glissando)
- Spinnweb (einzelne hohe Töne auf Glockenspiel)
- Sturm (Murmel in einer Handtrommel kreisen lassen; auf Flaschen pfeifen; pusten)

 Der Herbsttext wird zusammen mit dem Spiel Herbstsuche (s.o.) vorgestellt. Danach werden die Rollen verteilt und die Kostüme und die Kulisse gebastelt. Nach einer ersten Probe wird gemeinsam mit den Kindern entschieden, wo die Bühne hinkommt und wo die Zuschauer sitzen sollen. Schließlich wird überlegt, wie das Herbsttheaterstück verklanglicht werden kann. Eine Probe mit den Klanginstrumenten schließt sich an. Schließlich stellen die Kinder eine Einladungskarte für den großen Tag der Aufführung her.

Alles Müll!?

Die vielen Leute in Sauberstadt,
die schmissen immer, Tag für Tag,
viel Müll – und das mit größter Wonne –
in ihre große schwarze Tonne.

Ein Wagen, der kam in jeder Woche,
und brachte den Müll zum Erdenloche.
Dort wurd' er gestapelt, auch wenn es stürmte,
bis daß der Mist zum Berg sich türmte.

So ging es Jahr um Jahr in Sauberstadt,
die Erde, die hatte es gründlich satt.
Dosen, Plastik – ach wie schaurig,
kein Wunder, daß sie wurd ganz traurig.

Sie schüttelte sich und rüttelte sich,
es machte Rums, es machte Krach,
bis daß der ganze Müll
den Sauberstädtern flog aufs Dach.

Vergraben, verbrennen – vergessen?

43 %	Speisereste, Küchenabfälle, Gartenabfälle
24 %	Papier und Pappe
11 %	Glas
6 %	Holz, Leder, Knochen, Gummi
6 %	Kunststoff, Plastik
4 %	Metall
2 %	Textilien
2 %	Keramik
0,5 %	Sondermüll

Müll – alle reden von ihm, jeder macht ihn, keiner will ihn; deswegen schnell weg damit: vergraben, verbrennen, vergessen! Schon ist das Müllproblem gelöst!
Jedoch ganz so einfach, wie es sich liest und wie es jahrelang praktiziert wurde, geht es (leider) nicht. Die Müllberge wachsen immer schneller, da heute jeder Bürger mehr als doppelt so viel Hausmüll produziert wie in den 50er Jahren: Ein ganzes Kilo Müll pro Tag. Bei einer Umrechnung für alle Bundesbürger ergibt sich eine Müllmenge von ca. 32 Mio. t pro Jahr oder ein Abfallberg, der so groß wie ein Fußballfeld und so hoch wie das Matterhorn (4477 m) ist. Die Zusammensetzung dieses Hausmüllberges sieht so aus:

Doch auch Müllberge können nicht in den Himmel wachsen.Sie werden immer schneller voll und geschlossen. Die Suche nach neuen Deponieplätzen wird immer häufiger und schwieriger, da keine entsprechenden Flächen zur Verfügung stehen. Denn Flächen in der Nähe von Wohngebieten, Naturschutzgebieten oder Trinkwassergewinnungsgebieten sind für die Einrichtung einer Deponie tabu, da von ihnen Geruchs- und Lärmbelästigungen ausgehen sowie eine mögliche Belastung des Grundwassers durch Versickerung von Schadstoffen aus der Deponie besteht.

Eine Reduzierung der Müllmengen und somit eine Entlastung der Mülldeponien könnte durch die Verbrennung von Müll erreicht werden. So wird jedoch mit der Lösung des einen Problems ein nächstes geboren:
Der Müll besteht aus einer unsortierten Ansammlung von organischem Material, Textilien, Glas, Papier, verschiedenen Kunststoffen, Metallen, Putzmitteln etc. Bei der Verbrennung dieses Mülls in Müllverbrennungsanlagen gelangen zahlreiche giftige Stoffe und Stäube (Schwefeldioxid, Stickoxide, Schwermetalle, Dioxine) in die Luft, die für Pflanzen, Menschen und Tiere schädigend sind. Deswegen ist dieser Weg nur eine scheinbare Lösung. Aus dem Müllproblem wird ein Luftproblem und damit verbunden ein Gesundheitsproblem für alle Lebewesen!
Eine bessere Lösung verspricht daher die Abwendung von unserer gegenwärtigen Wegwerfmentalität.

Aus Müll wird Erde

Die anfallende Hausmüllmenge könnte enorm verringert werden, wenn der organische Müll, mit ca. 44 Volumenprozent die größte Müllfraktion im Hausmüll, erst gar nicht in der Tonne und somit auf dem Müll landen würden. Speisereste, Küchen- und Gartenabfälle können sinnvoller auf dem privaten Komposthaufen oder in städtischen ‚Grünen' oder ‚Bio'-Tonnen landen. Dort entsteht durch die Kompostierung aus diesem Müll wertvoller Humus, der wieder sinnvoll im Garten- und Landschaftsbau verwendet werden kann. Dadurch läßt sich wiederum der Einsatz von Torf vermeiden und somit ein bedrohter Lebensraum – die Moore – schonen. Einfache Hinweise und Informationshefte zur Anlage und Pflege eines privaten Komposthaufens sind in den Umweltämtern bzw. den Stadtreinigungsämtern der jeweiligen Städte erhältlich.

Ein-Weg ist kein Weg

Immer mehr Produkte werden in Einwegverpackungen angeboten, die unmittelbar nach ihrer Benutzung in der Mülltonne und somit auf dem Müllberg landen. Darüberhinaus ist diese Ware häufig noch von überflüssigem Verpackungsmaterial umhüllt. Wem sind nicht bei der erstmaligen (und häufig einmaligen) Benutzung eines Produktes die langen kräfte- und nervenzehrenden Aufreiß- und Aufschneideaktionen von Plastikfolien, Pappschachteln, Glanzpapier etc. bekannt, die veranstaltet werden müssen, bevor die Ware benutzt oder konsumiert werden kann? Würden jedoch zahlreiche Abfallprodukte wiederverwertet (recycelt) wie z.B. Papier, Glas und Kunststoffe, so könnte der Verpackungsanteil im Hausmüll um ca. 90 Volumenprozent verringert werden. Damit eine Wiederverwertung jedoch möglich ist, muß der Müll direkt an seinem Entstehungsort – d.h. im Haushalt – sauber voneinander getrennt werden und von dort in getrennte Abfallbehälter gegeben werden: Glascontainer (möglichst nach Weiß- und Buntglas getrennt), Papiercontainer an Straßen oder in Recyclinghöfen und Müllannahmestellen der Städte. Durch Wiederverwertung dieser Müllanteile wird nicht nur das Anwachsen des Müllberges verringert; es werden darüber hinaus Rohstoffe sowie Energie gespart, die für die Erzeugung dieser Produkte benötigt werden.

Müllverwerten ist gut, Müllvermeidung ist besser

Der beste Schutz vor dem uns drohenden Müll-Infarkt wird erreicht, wenn der Müll erst gar nicht entsteht. Durch einen gezielten Kauf der Ware, Verzicht auf Plastiktüten und Einzelverpackungen, durch den Kauf von Mehrwegsystemen kann der Anfall des großen Verpackungsmülls verhindert werden!
Erst wenn dieser Verpackungsmüll und die darin befindliche Ware rigoros vom Verbraucher abgelehnt werden, wird auch der Handel und das produzierende Gewerbe einen Ausweg aus diesem Irrweg suchen!

Von einer Dose, die nicht wachsen will und anderem Müll

Knud hat ein Problem: er hat eine Dose eingepflanzt und die will überhaupt nicht wachsen. Die Kinder können ihm helfen. Sie erklären ihm, daß eine Dose nur Müll ist. Zusammen mit den Kindern entdeckt Knud, daß es ganz verschiedenen Müll gibt, der auch getrennt gesammelt werden kann.

Material:
Karton, Plastiktüten, eine Coladose, ein Blumentopf und Blumenerde

In einer Kiste ist ein Blumentopf, in welchem eine Coladose eingepflanzt ist. Plastiktüten werden darüber gelegt. Knud liegt zwischen den Tüten.

Die Kinder sitzen im Stuhlkreis. Der Spieler hat die Kiste auf dem Schoß, und ab und zu raschelt Knud in der Kiste in den Plastiktüten.

„Die komische Kiste stand heute morgen hier auf dem Boden. Es raschelt die ganze Zeit darin. Sollen wir mal nachschauen, was da drin ist – vielleicht eine Maus?“

Langsam kommt Knud zum Vorschein und schaut über den Kistenrand.

„Hallo Kinder! Sicherlich fragt ihr euch, was ich in dieser Kiste suche.
Neulich habe ich einige Kinder im Wald beobachtet. Die haben Unmengen von Sachen dort liegen lassen. Einige waren ganz bunt: leuchtend rot, gelb und grün. Ich dachte, das sind bestimmt Blumen, die die Menschen erfunden haben. Und weil Blumen für ihre Wurzeln Erde brauchen, habe ich sie eingepflanzt und gegossen. Aber sie wollen einfach nicht wachsen.
Wißt ihr vielleicht, ob ich was falsch gemacht habe? Hilft mir bitte mal jemand, die Blumen herauszuholen?“

Die Kinder holen mit Knud die eingepflanzte Dose aus der Kiste.

„Also Knud, das kann auch nicht funktionieren. Kinder, erklärt Knud bitte, warum diese ‘Blume’ nicht wachsen kann?“

Die Kinder erklären Knud, daß die leere Coladose keine Pflanze, sondern ein Müllteil ist.

„Müll?! Was ist denn das? Die Wald- und Wasserbewohner machen so etwas nicht, das wüßte ich.“

Die Kinder erzählen Knud anhand von Beispielen, was sie alles für Müll kennen.

„Und was passiert mit dem Müll? Schmeißt ihr ihn dann einfach irgendwo hin, wie die Kinder im Wald?"

Die Kinder erklären Knud, was sie mit dem Müll machen würden.

„Damit sich Knud besser merken kann, was Müll ist, können wir ihm eine volle Mülltonne basteln."

Die volle Tonne

Material:
großer Papierbogen, Kataloge und Werbeseiten, Scheren, Klebstoff

Auf den Papierbogen wird eine große Mülltonne gemalt. Knud bekommt einen Ehrenplatz: er wird auf den Deckel der Tonne gezeichnet. Die Kinder schneiden aus den Katalogen bzw. Werbeseiten Dinge aus, die normalerweise als Müll weggeworfen werden. Sie kleben die Bilder in die Mülltonne bis diese voll ist.

Material:
großer Müllsack – und darin: Zeitungen; einseitig beschriebenes Papier; Einweg- und Mehrwegflaschen; Marmeladenglas mit Deckel; Papierreste; Servietten; Joghurtbecher und anderer Plastikmüll; Milchtüten; Saftpäckchen; Batterien; Eierkarton; Büchsen; Laub; Eierschalen; Obstreste; große Keksdosen und anderer Dosenmüll; Holzreste; ...

„Also dann sind die Sachen, die ich im Wald gefunden habe, keine besonderen Blumen, sondern alles Müllteile. Wie gut, daß ich sie alle eingesammelt und mitgebracht habe. Hilft mir mal jemand, den großen dicken Sack hereinzuschleppen?"

Der Müllsack wird hereingeholt, und der ganze Müll wird in der Mitte des Stuhlkreises ausgekippt. Knud wandert durch diese Müllandschaft.

„Die Kinder scheinen ein großes Picknick gemacht zu haben."

„Die Müllteile fühlen sich recht unterschiedlich an. Ich bin gespannt, ob ihr die Müllteile nur durch Berührung erkennen könnt."

Müll-Tasten

Material:
mehrere Kartons

Vorbereitung:
Die Kartons werden an einer Stelle so eingeschnitten, daß man durch eine Klappe in das Innere greifen kann. Jeder Karton bekommt auf die Oberseite einen großen andersfarbigen Punkt gemalt.
Die Kinder drehen sich alle um. Einige Müllteile werden in die vorbereiteten Kartons gelegt. In einen kommt auch Knud. Anschließend gehen die Kinder zu den verschiedenen Kartons und ertasten die Müllteile. Bevor die Inhalte der einzelnen Kartons gezeigt werden, benennen die Kinder die Müllteile in den jeweiligen Kartons.

„Da ihr solche Müllexperten seid, könnt ihr mir sicherlich eines noch erklären: Wenn ihr den ganzen Müll in die Tonne werft und das jeden Tag, dann ist sie doch irgendwann voll. Und wenn sie voll ist, dann paßt doch nichts mehr hinein, was geschieht dann?“

Die Kinder erklären Knud, daß der Müllwagen einmal in der Woche kommt und die Mülltonne leert.

„Und was passiert dann mit dem Müll?“

„Der Müll wird nicht einfach in den Wald gekippt, sondern auf eine Mülldeponie gebracht. Das ist ein riesiges Loch in der Erde, in das der ganze Müll geworfen wird. Aus dem Loch entsteht dann später ein großer Müllberg.“

„Das finde ich praktisch: Tonne auf – Müll rein – Tonne zu - Müllwagen kommt – bringt alles zum Mülloch.“

Viele volle Müllgruben

Material:
mehrere kleine Kartons

Knud fährt mit einem kleinen Karton zwischen den Müllteilen her und bittet die Kinder, ihm den Müll in seinen Karton (=Müllgrube) zu legen. Wenn ein Karton voll ist, nimmt er den nächsten. Schließlich stehen mehrere kleine Kartons voll mit Müll in der Raummitte.

„Ich glaube, das ist doch nicht so praktisch. Bei dem vielen Müll gibt es bald nur noch Müllberge und keine Plätze für Wälder, Tiere oder für Kinder zum Spielen. Und das Gift aus dem Müll verseucht den Boden. Das beste wäre doch, wenn nur ganz wenig in die Mülltonne kommt. Ist das denn wirklich alles Müll? Die ganzen Blätter, die Obstreste und die Eierschalen sind doch gar kein Müll. Im Wald fallen solche Sachen auch auf den Boden, und es gibt viele kleine Tiere, die sich davon ernähren und sie ganz klein machen.“

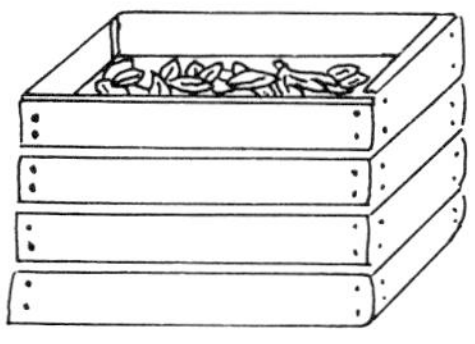

1. Komposthaufen

„Ich kenne eine Menge Freunde, die einen Garten haben und die solchen Müll nicht in die Tonne werfen. Wißt ihr wohl, was die damit machen?“

Wenn die Kinder schon einen Komposthaufen kennen, werden sie schnell darauf kommen. Andernfalls wird an dieser Stelle ein Komposthaufen erklärt.

„Das ist eine tolle Idee. Die Mülltonne wird leerer, viele kleine Tiere bekommen etwas zu fressen, ein neues Zuhause und machen wieder gute Erde aus diesen Resten. Wenn wir einen eigenen Komposthaufen bauen wollen, dürfen wir aber nur solche Reste auf den Haufen schmeißen, die die Komposttiere auch mögen, sonst verkriechen sie sich! Ich werfe meine Dose auf den Komposthaufen. Da machen die Kompostwürmer...!“

Kompostleckereien

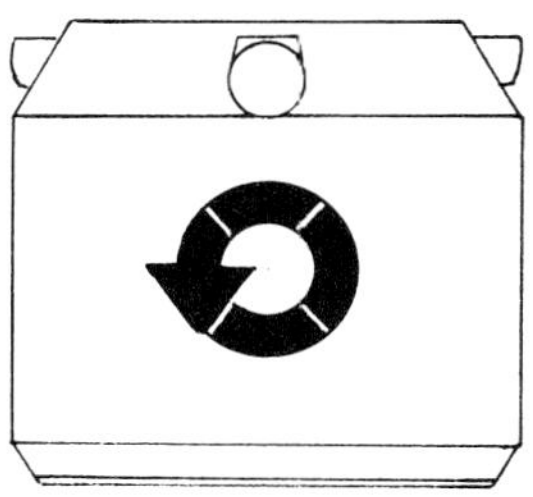

2. Glascontainer

Zuerst wird ein Komposthaufen gebaut: ein Stuhlkreis, in dem ein Stuhl weniger steht als Kinder da sind. Alle Kinder sind Kompostwürmer und stehen in der Mitte des Stuhlkreises. Knud nennt eine Sache, die er auf den Kompost wirft. Ist sie gut für den Kompost, dann macht er „Hmmmmm“ und streicht sich über den Bauch. Die Kinder müssen sich dann so schnell wie möglich auf einen Stuhl setzen. Ist die Sache schlecht für den Kompost, dann macht er „Iiiiii!“ und alle Kinder müssen sich so schnell wie möglich hinter einem Stuhl verstecken. Das Kind, das keinen Stuhl bekommen hat, darf in der nächsten Spielrunde etwas Neues auf den Kompost werfen, wobei Knud wieder die entsprechende Bewertung gibt.

„Aber können wir den restlichen Müll nicht noch mehr verringern? Habt ihr eine Idee, wie wir das machen könnten?“

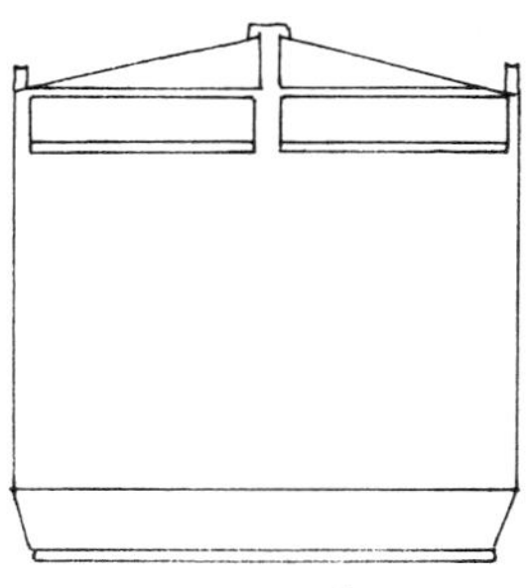

3. Papiercontainer

„Wenn wir den Müll nur richtig trennen, dann bleibt bloß noch ein kleiner Rest über, den wir in die Mülltonne werfen müssen. Der andere Müll kommt in andere Behälter. Wer kennt solche?“

Die Kinder nennen ihnen bekannte besondere Müllgefäße, z.B. Altglas- und Altpapiercontainer an den Straßen. In vielen Städten gibt es auch Recyclinghöfe, Giftmüllsammelstellen bzw. ein Giftmüllmobil, Metallsammelstellen, Altglassammlung nach Farben getrennt, Kunststoffsammelstellen, Altkleidersammlung etc.

Mülltrennaktion

Der ganze Müll wird aus den farbig gekennzeichneten Kartons wieder in der Mitte ausgeleert. Gemeinsam wird überlegt, in was für verschiedene Arten der Müll aufgeteilt werden kann. Jede genannte Müllart wird einem mit einem farbigen Punkt markierten Karton zugeordnet:
Kompost, Papier, Metall, Kunststoff, Glas, Giftmüll. Zunächst legen die Kinder den kompostierbaren Anteil in den passenden Karton.

„Ich suche jetzt einmal alles zusammen, was aus Papier ist."

Material:
Milchtüte und Saftpäckchen, Schere

Müllinnereien

Knud fängt an, zunächst die Papierreste in den entsprechenden Karton zu legen. Als letztes schmeißt er auch die Milchtüte und das Getränkepäckchen dazu. Falls von den Kindern kein Protest kommt, schreitet die Spielleitung ein. Sie läßt einige Kinder die Milchtüte und das Saftpäckchen aufschneiden. Sie zeigt ihnen und Knud, daß die Verpackungen noch mit einer Plastikschicht und/oder einer Aluminiumschicht versehen sind und darum nicht zum Altpapier, sondern in die Mülltonne gehören.

Verbundverpackungen - ein Problem
Produkte, die aus verschiedenen Materialien hergestellt werden, werden als Verbundmaterial bezeichnet. Viele Getränke- und Tiefkühlverpackungen bestehen aus einer Materialkombination von Pappe und Kunststoff oder Aluminium (Milch- und Getränketüten, Getränkedosen), Windeln aus Plastikhüllen mit eingeklebter Zellulose, Kunststoffbehälter aus verschiedenen Kunststoffarten u.s.w.. Die Wiederverwertung dieser Produkte ist so gut wie nicht möglich, da die Trennung und Sortierung in eine Papier-, eine Kunststoff- und eine Aluminiumfraktion nicht erfolgen kann.

„Ich kaufe die Milch und den Saft immer in Glasflaschen, die ich zum Laden zurückbringen kann: Pfandflaschen. Die kommen wieder in Sprudel- oder Milchfabriken, werden dort gesäubert und immer wieder gefüllt. Das spart viel Müll. Habt ihr auch solche Flaschen zu Hause?"

Die Kinder sortieren anschließend die Pfandflasche, die Knud auch aus dem Wald mitgebracht hat, aus. Sie kann später gemeinsam mit den Kindern beim Supermarktbesuch zurückgebracht werden. Anschließend wird der Glasmüll aussortiert und in den entsprechenden Karton gelegt.

„Moment, das Marmeladenglas kann ich noch gebrauchen. Wenn mir die Waldgeister mal wieder Waldbeermarmelade kochen, kann ich die dort hineinfüllen."

„Knud, das ist eine gute Idee. Es gibt viele Dinge, die können wir nochmal für etwas anderes benutzen, bevor wir sie in den Müll schmeißen. Was könnten wir von unserem Müll hier nochmal verwenden?"

Zusammen werden die Reste herausgesucht, die wiederverwendet werden: Eierkarton zum Eierstand zurückbringen; einseitig beschriebenes Papier als Schmierpapier benutzen; Keksdosen für das nächste Plätzchenbacken aufbewahren; usw.
Anschließend wird der restliche Müll entsprechend sortiert und in die dafür vorgesehenen Kartons gelegt. Die Metallteile können mit Hilfe des Magnettests nochmals nach Aluminium (nicht magnetisch) bzw. Blech (magnetisch) unterschieden werden.

Einweg ist ein Irrweg
Die Einweg-Getränkeverpackungen machen nicht nur einen riesigen Anteil des Mülls aus, sondern sie benötigen zusätzlich für ihre Produktion und ihren Transport enorme Energiemengen.
Der Vergleich des Energieverbrauchs für die Herstellung verschiedener Getränkeverpackungen. (Bedenke: Bei gleicher Getränkemenge werden Mehrwegflaschen mehrmals benutzt).
Für die Herstellung einer Mehrweg-Pfandflasche werden 4080 Watt benötigt. Bei der Produktion einer Einweg-Glasflasche hingegen wird ca. 9 mal soviel, einer Einweg-Weißblechdose 11 mal soviel und einer Einweg Alu-Dose ca. 22 mal soviel Energie verbraucht. Umgerechnet auf den Stromverbrauch eines Fernseher, kann für die Produktionsenergie einer Mehrweg-Pfandflasche 17 Minuten, für die einer Einweg-Alu-Dose hingegen über 6 Stunden ferngesehen werden!

„Du siehst Knud, es gibt viele Möglichkeiten, die Mülltonne zu leeren, wenn der Müll richtig sortiert wird."

„Dann können wir jetzt auch noch unsere voll beklebte Mülltonne leeren."

Leere Tonne

Material:
mehrere DIN A3 große Plakate, verschiedenfarbige Bindfäden, Tesafilm

Die Kinder werden in Müllgruppen aufgeteilt. Jede Gruppe malt auf ein Plakat einen der benannten besonderen Müllbehälter bzw. Sammelstellen. Eine Gruppe malt einen Komposthaufen. Die Plakate werden neben die mit den Katalogbildern beklebte große Mülltonne gehängt. Jede Müllgruppe bekommt einen farbigen Bindfaden. Nacheinander sucht jede Gruppe die Müllbilder, die in ihren Sammelbehälter kommen. Ein Bindfaden wird von diesem Müllbild zu dem Sammelbehälter gezogen und mit Tesafilm befestigt.

„Es müßte einige Mülltrennspiele geben, damit wir uns besser merken können, wie der Müll getrennt gesammelt werden kann. Eine Idee habe ich schon."

Wo komm ich hin?

Material:
zwei Kartons

Vorbereitung:
In einen Karton werden verschiedene Müllteile so gelegt, daß die Kinder sie nicht sehen können. Für jede Müllkleingruppe sollten mindestens fünf Müllteile da sein: 5x Glasmüll, 5x Papiermüll usw. Dazu kommt noch Knud. Der leere zweite Karton wird daneben gestellt.

Die Müllgruppen bleiben zusammen und stellen sich in einem Halbkreis um die beiden Kartons. Die Spielleitung holt nun ein Müllteil nach dem anderen hervor, sagt, um was es sich handelt und versteckt es anschließend wieder im zweiten Karton. Die einzelnen Müllgruppen müssen sich nun genau die Müllteile merken, die zu ihnen gehören. Nachdem alle Müllteile und auch Knud umgepackt sind, zählen die Gruppen nacheinander die erinnerten Müllteile auf. Wo Knud sich wohl am wohlsten fühlt?

„Wer hat noch eine Idee für ein Mülltrennspiel?"

Was ist hier falsch?

Material:
Tische, Müllteile

Von den verschiedenen Müllsorten werden jeweils fünf passende und ein unpassendes Müllteil auf einen Tisch gelegt (z.B. fünf Blechdosen und eine Batterie; fünf Altglasflaschen und eine Pfandflasche). Wer findet das falsche Müllteil heraus?

Ich sehe was, was ihr nicht seht und...

Material:
verschiedene Müllteile

Die Müllteile werden in der Mitte verteilt. Ein Kind sucht sich in Gedanken ein Müllteil aus, das die anderen erraten müssen. Es gibt einen kleinen Hinweis mit dem Satz:"Ich sehe was, was ihr nicht seht, und das ist (hart, weich, rot, aus Metall, aus Glas, kommt in den Papiercontainer, unnötiger Müll o.ä.). Die anderen Kinder dürfen weitere Fragen stellen, die der Rätselsteller aber nur mit nein oder ja beantworten darf. Ist das Müllteil erraten, kommt der nächste dran.

Sherlock Müll

Material:
verschiedene Müllteile

Die Kinder sitzen im Stuhlkreis. Die Müllteile liegen in der Mitte. Ein Kind geht vor die Tür, es ist der Mülldetektiv Sherlock Müll. Die anderen Kinder einigen sich auf ein Müllteil, das der Detektiv herausfinden muß. Sherlock Müll kommt rein und muß durch geschicktes Fragen das Müllteil herausfinden. Die Fragen dürfen aber nur mit ja oder nein beantwortet werden.

Müllwettlauf

Es werden zwei Stuhlreihen mit ca. 2 m Abstand gegenüber aufgestellt. Es werden zwei gleich große Gruppen gebildet. Jede setzt sich auf eine der beiden Stuhlreihen. Die beiden Gruppen werden von eins aufwärts durchgezählt. An einem Ende werden zwischen die beiden Stuhlreihen zwei Stühle gestellt: der Wahr-Stuhl und der Falsch-Stuhl. Das Spiel beginnt.
Knud nennt zuerst eine Zahl und dann eine Aussage, die wahr oder falsch ist (z.B. „Fünf - alte Medikamente dürfen in die Mülltonne geschmissen werden"). Die beiden Spieler mit der Zahl fünf müssen sich nun so schnell wie möglich auf den richtigen (Wahr- oder Falsch-)Stuhl setzen. Auf einem Stuhl können natürlich auch zwei Kinder sitzen.

Rätsel für Mülldetektive

Hat Knud den Müll richtig sortiert?

Hilfe, die Müllmonster kommen!

– eine Müllvermeidungsaktion –

Zusammen mit Knud unternehmen die Kinder eine Reise nach Mülli-Land, wo die Müllmonster hausen. Sie entdecken, daß sich die Müllmonster überall da wohl fühlen, wo die Menschen viel Müll produzieren. Gemeinsam überlegen sich Knud und die Kinder eine Müllvermeidungsaktion für die Mülli-Länder.

Material:
DIN A4 großes einseitig beschriebenes Schmierpapier, Stifte, Tesakrepp

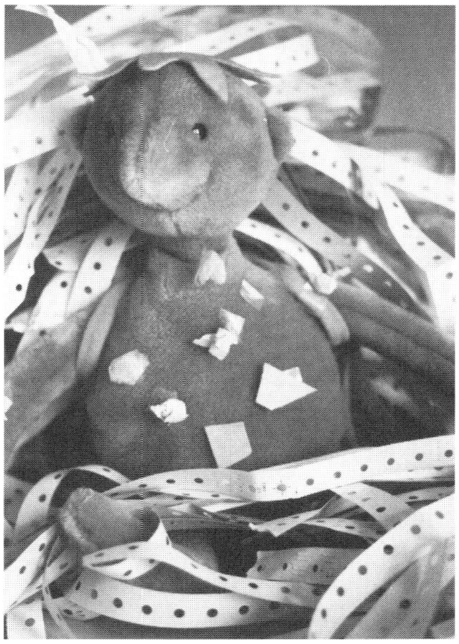

Knud kommt in den Raum. Er ist überall mit kleinen Schnipseln Plastikfolie bedeckt, die mit Tesakrepp an ihm befestigt sind.

„Knud, was ist denn mit dir passiert?“

„Ich komme gerade aus dem Mülli-Land. Da hausen die Müllmonster. Ich sage euch – schrecklich. Überall gibt's Müll und nochmals Müll. Aber befreit mich doch erst einmal von meinem Müllanzug.“

Die Kinder entfernen vorsichtig die Plastikschnipsel von Knud.

„Ich bin jetzt aber sehr gespannt, was du uns vom Mülli-Land und den Müllmonstern erzählen wirst.“

„Die Schwierigkeiten fingen schon an der Grenze an. Weil die Einwohner von Mülli-Land nicht noch mehr Müllmonster in ihrem Land haben wollen, braucht man einen ganz besonderen Ausweis, um in das Land hineinzukommen.“

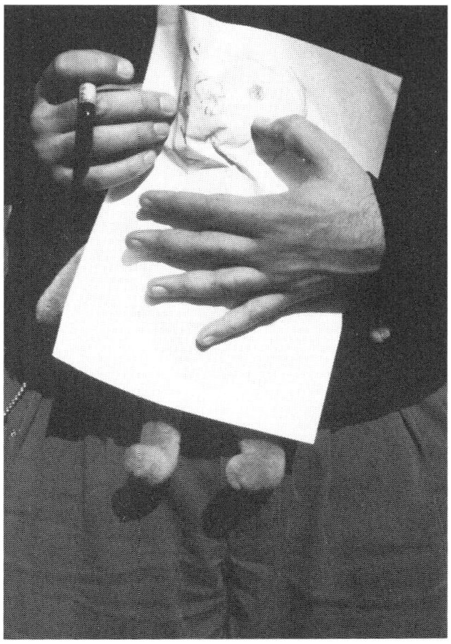

Der Mülli-Land-Ausweis

Jedes Kind bekommt einen Stift und Papier. Das Papier wird mit der einen Hand vor das Gesicht gehalten. Mit der anderen Hand werden nun ‚blind' die Gesichtszüge auf dem Papier nachgezeichnet. Anschließend wird der fertige Ausweis mit Tesakrepp auf die Brust geklebt. Für Knud wird auf die gleiche Weise ein kleiner Ausweis gemalt.

„Das erste, was mir in Mülli-Land aufgefallen ist: die Menschen halten dort alles ganz ängstlich fest, und wißt ihr warum? – Die Müllmonster, die dort hausen, wollen alles, was sie in die Hände bekommen, in die Mülltonne schmeißen.“

Vorsicht: Müllmonster!

Alle Kinder sitzen im Stuhlkreis. Zwischen den Stühlen ist gut 50 cm Platz. Knud liegt in der Kreismitte. Ein Kind wird zum Müllmonster bestimmt. Es verläßt kurz den Raum, damit es nicht mitbekommt, welches Kind von den anderen zum Knudwächter bestimmt worden ist. Das Müllmonster versucht, Knud aus dem Stuhlkreis herauszubringen. Der Knudwächter kann dies verhindern, wenn er das Müllmonster abschlägt, bevor es den Stuhlkreis zusammen mit Knud verlassen hat. Der Knudwächter darf aber erst dann einschreiten, wenn das Müllmonster Knud berührt hat.

„Weißt du, wie die Müllmonster genau aussehen?"

„Nicht genau, weil sie zu ihrem Müllklau am liebsten nachts losziehen, wenn alle schlafen. Die Müll-Länder haben aber schon versucht, ein Bild von ihnen zu malen."

Das Müllmonsterbild

Material:
Augenbinde, Tapetenreste, farbige Wachsmalstifte

Es werden Gruppen von 6-8 Kindern gebildet. Für jede Gruppe wird aus Tapetenrollenresten ein großes Plakat geschnitten und aufgehängt. Die Mitglieder einer Gruppe stellen sich hintereinander auf. Der erste in der Gruppe bekommt die Augen verbunden und einen Wachsmalstift in die Hand. Langsam wird er an das Plakat herangeführt. Nachdem er blind den Kopf eines Müllmonsters gemalt hat, wird er wieder zurückgeführt. Der nächste ist dran. Nacheinander malt auf diese Weise jedes Gruppenmitglied blind ein weiteres Teil des Müllmonsters: Bauch, die beiden Arme bzw. Beine, vielleicht noch Ohren und Schuhe usw.

„Bei diesen lustigen Müllmonsterbildern mag ich gar nicht glauben, daß sie so gefährlich sind."

„Denkste! Eine Lieblingsbeschäftigung für die Müllmonster ist es nämlich, giftigen Müll irgendwo in der Landschaft zu vergraben. Das zu entdecken, ist gar nicht einfach."

Giftmülltransport

Material:
eine echte bzw. symbolische Batterie

Die Kinder stehen eng zusammen in einem Kreis, Hände auf dem Rücken. Ein Kind hält die Batterie fest. Ein Kind kommt zusammen mit Knud in die Kreismitte. Die Kinder versuchen nun, die Batterie unbemerkt hinterm Rücken im Kreis weiterzugeben. Das Kind in der Mitte muß diesen Giftmülltransport verhindern. Sobald es die gefährliche Fracht geortet hat, ruft es Stop und zeigt auf das Kind, das vermutlich die Batterie hat. Ist die Vermutung richtig, tauscht es den Platz mit dem Kind in der Mitte. Ist die Vermutung falsch, geht der Giftmülltransport weiter.

„Die Einwohner von Mülli-Land werden ja nicht sehr glücklich über die Anwesenheit der Müllmonster sein, oder?"

„Überhaupt nicht! Die Mülli-Länder wissen nur nicht, warum sich die Müllmonster gerade bei ihnen so wohl fühlen. Darum haben sie mich gebeten, das herauszufinden. Also bin ich erst einmal in einen Mülli-Land-Supermarkt gegangen. Dort gibt es alles im Toll-Pack-Super-Sonderangebot zu kaufen. Zwei davon habe ich euch einmal mitgebracht."

Das Toll-Pack-Super-Sonderangebot

Material:
verschieden große Kartons, Plastiktüten, Verpackungsmaterialien aus Papier und Folie, Leckereien

Vorbereitung:
Für jedes Kind wird eine Leckerei (Apfel, Rosine, Nuß oder selbstgebackener Keks) mehrfach mit den verschiedensten Verpackungsmaterialien eingewickelt. Diese werden in zwei Kartons gleichmäßig verteilt. Die beiden Kartons kommen jeweils in einen größeren Karton und die wiederum jeweils in einen noch größeren. Alle Kartons werden wiederum mit den verschiedensten Verpackungsmaterialien eingewickelt. Zum Schluß haben wir auf diese Weise zwei Toll-Pack-Super-Sonderangebote. Der Raum wird mit einem Band in zwei Teile aufgeteilt. Die Kinder bilden zwei gleich große Gruppen. Jede Gruppe stellt sich in einen Raumteil und bekommt ein Toll-Pack-Super-Sonderangebot. Die Kinder arbeiten sich bis zu den Leckereien durch und stärken sich erst einmal damit.

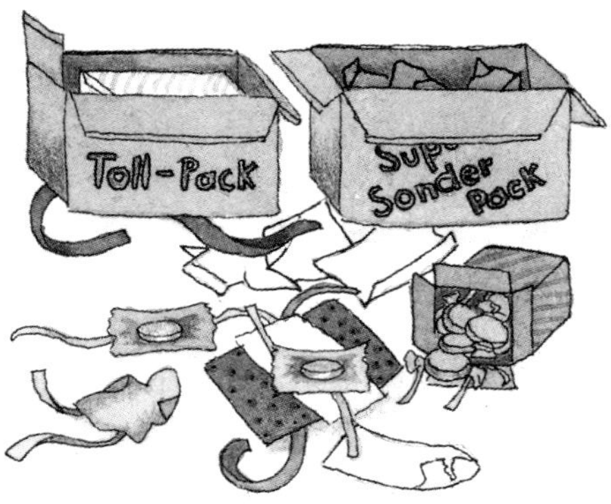

„Alles in Mülli-Land ist so toll eingepackt. Und wenn die Mülli-Länder nach Hause kommen und alles ausgepackt haben, wißt ihr, was sie dann machen?"

Müllschlacht

Die beiden Gruppen versuchen, ihren Verpackungsmüll in den Bereich der jeweils anderen Gruppe zu werfen.

„Ich glaube, ich weiß schon, warum sich die Müllmonster im Mülli-Land so wohl fühlen. Könnt ihr es euch auch denken?"

Die Kinder stellen ihre Vermutungen an.

„Wenn die Mülli-Länder also lernen, den Müll zu vermeiden, dann werden auch die Müllmonster wieder verschwinden. Ich glaube, es ist gar nicht so schwer, den Mülli-Ländern klar zu machen, daß sie einfach zu viel Müll produzieren."

Müllvermeidungsaktion

Vorbereitung:
Es werden zwei Tische vorbereitet: der Mülltisch und der Müllvermeidungstisch. Auf den ersten kommen Dinge, bei deren Einkauf viel unnötiger Müll ensteht. Auf den anderen Tisch kommen die jeweiligen Alternativen dazu, bei deren Einkauf Müll vermieden wird. Zum Beispiel: Plastiktüte – Einkaufskorb/Tasche; Getränkedose, Saftpäckchen, Milchschlauch, Milchtüte – die passenden Pfandflaschen dazu; Miniportionspäckchen (Kaffeesahne, Honig, Marmelade) – die passenden Glasvarianten; Möhren aus der Dose – frische Möhren; Wecker mit Batterie – Wecker zum Aufziehen; Aufbackbrötchen in Folie – frische Brötchen; Obst eingeschweißt in Plastikschale – loses Obst; Einwegfeuerzeug – Feuerzeug zum Auffüllen; Essig- oder Ölflasche aus Plastik – Glasflasche; weißes Papier – Altpapier; o.ä.

Die Kinder werden in Kleingruppen zu je zwei bis drei Kindern aufgeteilt. Nacheinander holt sich jede Kleingruppe ein Teil vom Mülltisch, legt es auf den Boden und sucht dann die passende Alternative vom Müllvermeidungstisch. Wenn eine Kleingruppe Schwierigkeiten bei der Zuordnung hat, dann dürfen Knud und die anderen Kinder bei der Lösung helfen.

„Gestern habe ich mir Käse und Aufschnitt gekauft, und die Verkäuferin hat mir das erst in diese Folie und dann in diese Plastiktüte gepackt. Was kann ich dagegen tun? Das ist doch unnötiger Müll!"

Besuch im Supermarkt

Material:
Verpackungsreste eines Käse und Aufschnitteinkaufs; Vorratsdosen

Alle überlegen, wie diese Verpackungsreste vermieden werden können. Falls die Kinder nicht von selbst drauf kommen, wird ihnen die Vorratsdose gezeigt und damit ein Besuch im Supermarkt vorbereitet.

„Wenn sich alle ihren Käse und Aufschnitt direkt in die Vorratsdose legen lassen, dann kann auch Müll vermieden werden. Laßt uns doch einmal in den Supermarkt gehen und das ausprobieren. Dann können wir auch überprüfen, ob wir dort auch Sachen kaufen können, die nicht gleich unseren Mülleimer überlaufen lassen."

Mit einem richtigen Supermarktbesuch können die Kinder ihr erworbenes Müllvermeidungswissen festigen und zu einem bewußteren Einkaufsverhalten motiviert werden.
Dazu sollten im Supermarkt exakt die Produkte gesucht werden, die die Kinder schon bei der Müllvermeidungsaktion in der Einrichtung kennengelernt haben. Außerdem kann nach weiteren Produkten gefahndet werden, die sehr müllintensiv sind bzw. Müll vermeiden helfen. Zum einen wird damit bewußt die Aufmerksamkeit auf die Produkte gelenkt, bei deren Kauf Müll vermieden werden kann. Zum anderen erfahren die Kinder direkt, wie weit Anspruch und Wirklichkeit der Müllvermeidung auseinanderliegen.
Dazu dient auch der Versuch, Käse und Aufschnitt uneingepackt einkaufen zu können. Lassen Sie sich aber nicht einfach abspeisen, sondern bestehen Sie auf einer Diskussion mit der Supermarktleitung. Die Kinder werden genug Anregungen haben, wie der Supermarkt helfen kann, Müll zu vermeiden. Den nötigen Nachdruck für Ihre Forderungen erreichen Sie, wenn Sie für diese Aktion auch noch die Presse mobilisieren können.

Müllfest rund um ein Lied

Spielvorschlag:
Die Kinder sitzen im Stuhlkreis. Ein Kind läuft zusammen mit Knud durch den Kreis und singt den Refrain. Bei der Strophe bleibt es vor einem Kind stehen und fordert es auf mitzugehen. („Komm mach mit...") Das angesprochene Kind antwortet „1,2,3 - ich bin dabei". Es bekommt Knud in die Hand und läuft mit durch den Kreis. Bei der nächsten Strophe wird ein zweites Kind aufgefordert, es antwortet, bekommt Knud und läuft ebenfalls mit.
Wiederholung bis das Lied zu Ende ist.

 *Zum Abschluß eines Müllprojektes wird zusammen mit den Kindern ein besonderes Fest geplant: das Fest ohne Müll.*
Bei diesem Fest sollen die Eltern erfahren, was die Kinder zusammen mit Knud über den Müll erfahren haben. Sie sollen dadurch angeregt werden, sich selber zu Hause verstärkt um die Müllvermeidung zu bemühen. Falls es am Ort Umwelt- bzw. AbfallberaterInnen gibt, können diese zum Fest eingeladen werden.

Das Müllvermeidungslied wird im Rahmen dieses Festes von den Kindern vorgestellt, wobei die Eltern von den Kindern aufgefordert werden mitzumachen.
Den passenden Rahmen für dieses Fest bilden die Produkte der Kinder, die während dieser Zeit entstanden sind (vgl. die anderen Mülleinheiten). Außerdem können die Kinder mit den Eltern einige der Spiele aus Mülli-Land spielen (z.B. die Müllvermeidungsaktion).
Wichtigstes Kriterium dieses Festes ist aber: Es darf kein Müll entstehen. Zusammen mit den Kindern wird überlegt, was alles für das Fest benötigt wird und wo dabei Müll anfallen und vermieden werden kann, z.B.:

* Einladungsschreiben (auf Schmierpapier bzw. Altpapier)
* Einkauf von Essenssachen (z.B. mit Korb oder Tasche auf dem Markt; oder z.B. Obst aus dem Garten von Eltern)
* Getränke (Mehrwegflaschen)
* Besteck und Geschirr (kein Plastikbesteck, keine Teller und Becher aus Pappe/Plastik)
* Ausschmückung (keine gekauften Luftschlangen, Girlanden etc., sondern Selbstgemachtes aus Altpapier)

Wir vermeiden Müll

Text und Musik von Gabi Zibret

2. Hab ich Durst auf Coca Cola,
Kauf ich keine Dose.
Ich kauf eine Mehrwegflasche,
Schon vermeid ich Müll. Komm...
Refr.: Leute...

3. Schreib ich einen Liebesbrief,
nicht auf weißen Blättern.
Lieber nehm ich Altpapier,
schon vermeid ich Müll. Komm...
Refr.: Leute...

4. Schmier ich mir ein Butterbrot,
pack ich's in die Dose,
nicht in Butterbrotpapier,
schon vermeid ich Müll. Komm...
Refr.: Leute...

5. Essensreste wie Gemüse,
Obst und Eierschalen,
die werf ich auf den Kompost,
schon vermeid ich Müll. Komm...
Refr.: Leute...

Literatur

Für Einsteiger und Aussteiger

Blauscheck, R.: Naturspaziergang 'Am Wasser' (Kosmos-Naturführer). Stuttgart 1990, Franckh'sche Verlagshandlung.

Kremer, B.P.: Naturspaziergang 'Wald' (Kosmos-Naturführer). Stuttgart 1990, Franckh'sche Verlagshandlung.

Cox R.K.: Alles, was ich wissen will über Vögel, Schmetterlinge, Bäume und Blumen. Ravensburg 1982, Otto Maier Verlag.

Fischer C & R.: Umweltaktionsbuch. München 1989. Hahn Verlag.

Geiser, H.: Mittendrin. Berlin 1988, Mann-Verlag.

Grießhammer, R.: Der Öko-Knigge. Hamburg 1989, Rowohlt Verlag.

Helm, W., u.a.: Der Schatz in der Mülltonne. Köln 1985, Volksblattvlg.

Stern, H.: Rettet den Wald. München 1979, Kindler-Verlag.

Wingert, H.: Der Haushalts-Knigge. Hamburg 1989, Rowohlt Verlag.

Bestimmungsbücher

Zimmer, U.: BLV Tier und Pflanzenführer für unterwegs. München 1990.

Wir entdecken und bestimmen: Bd. 496: Bäume. Bd. 541: Tierspuren. Bd. 624: Leben im Wald. Bd. 679: Leben im Wasser. Ravensburg 1981, Otto Maier Verlag.

Umwelt-Spiele-Mitmachbücher

Adam, H. (Hrsg.): Umwelt im Spiel. Münster 1988, Ökotopia Verlag.

Breucker-Rubin, A.(Hrsg.): Umweltspielekartei. Münster 1988, Ökotopia Verlag.

Cornell, J.B.: Mit Kindern die Natur erleben. Oberbrunn 1979, Ahorn Vlg.

Knirsch, R.R.: Kommt mit, wir machen was! Münster 1990.Ökotopia Vlg.

Zerbst, M.: Bäume, Pilze, Tiere. Zürich 1990. Füssli Verlag.

Bilder- und Vorlesebücher

Harranth, W.: Da ist eine wunderschöne Wiese. Wien 1985, Jungbrunnen Verlag.

Kohlsaat, F.: Die Linde, die Füße bekam. München 1989, Ellermann Vlg.

Lucht, I.: Die Baumuhr. München 1989, Ellermann Verlag.

dies.: Die Walduhr. München 1988, Ellermann Verlag.

Menzel, Th.: Franz der Frosch. Ravensburg 1987. Otto Maier Verlag.

Murschetz, L.: Der Maulwurf Grabowski. Zürich 1977, Diogenes Verlag.

Vereinigung Deutscher Gewässerschutz e.V.: Der lustige Weg der Wassertropfen. Bonn.

Walpole, B.: Wasser. Hanau 1989, Peters Verlag.

Spiele

Augen auf beim (Umwelt-)Kauf. Münster 1987, Ökotopia.

Ene mene...Müll. Ravensburg 1990, Otto Maier Verlag.

Unser Wasser-Wettlauf. Bonn, Vereinigung Deutscher Gewässerschutz e.V.

Schützt unseren Teich! Ravensburg 1987, Otto Maier Verlag.

Schlaufuchs und Stachelhaut. Münster 1990, Ökotopia Verlag.

Uschi Sander (Biologin und Geographin) ist Mitarbeiterin am ,Institut für ökologische Forschung und Bildung e.V.' in Münster. Seit mehreren Jahren arbeitet sie im Bereich der Umwelterziehung mit Kindern im Vor- und Grundschulalter sowie in der Fort- und Weiterbildung für pädagogische Mitarbeiter.

Fredon Salehian (Dipl. Pädagoge) ist ebenfalls als Bildungsreferent am ,Institut für ökologische Forschung und Bildung' tätig. Er führt Seminare mit Kindern, Jugendlichen und Familien sowie Fort- und Weiterbildungen zu spiel- und umweltpädagogischen Themen durch.

Christine Tschötschel ist seit Jahren als Puppenspielerin und Theaterpädagogin im ,Kakadu e. V. – Verein zur Förderung des Kinder- und Jugendtheaters' in Münster tätig. Derzeit übernimmt sie das Management von Kinder- und Jugendtheatern sowie mobileren theaterpädagogischen Angeboten für Kindergärten, Schulen und kulturelle Einrichtung.

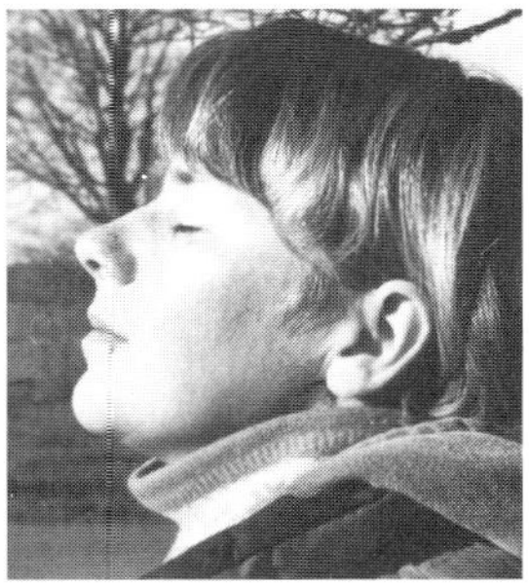

Henrike Hoffrage hat während ihrer Referendarzeit die Leitfigur KNUD im Rahmen der Staatsexamensarbeit entwickelt und eingesetzt. Im Anschluß daran war sie in der Planung und Durchführung des Projektes „Spielmobil" in Hannover beteiligt. Gegenwärtig arbeitet sie als Grundschullehrerin in den Fächern Sachunterricht und Musik im Kreis Fulda.

Gabi Zibret (Erzieherin) studiert gegenwärtig an der Fachhochschule Münster Sozialpädagogik. Während ihrer langjährigen Arbeit im Vorschulbereich hat sie zahlreiche Lieder geschrieben, durch die viele Kinder mit großem Spaß der Umwelt näher gekommen sind.

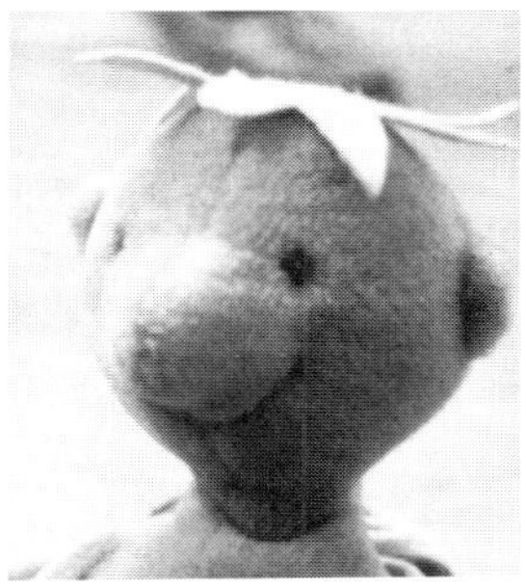

Knud (Umweltfreund): Ein kleines grünes...

Ökotopia
Spiele- und Buchversand

Der Fachversand für umwelt- und spielpädagogische Materialien

Fordern Sie unseren Versandkatalog an:

Ökotopia
Spielevertrieb und Verlag
Hafenweg 26
D-4400 Münster
Tel.: (02 51) 66 10 35 Fax: 6 38 52

Autorin: Henrike Hoffrage
Format/Ausstattung: ca. 50 S. DIN A 4 in einer Heftmappe
ISBN: 3.925169-30-X
Preis: ca. DM 26,-
Best.-Nr.: 20296

Spielend lernen mit Knud

Unterrichtseinheit: Müllanfall, Müllbeseitigung und Müllvermeidung.

Für LehrerInnen in den ersten beiden Grundschulklassen wird zusätzlich zum Grundpaket „Stutzen, Staunen, Stöbern" dieses Unterrichtsmaterial zum Thema Müll angeboten.

Zielgruppen:
GrundschullehrerInnen, Kinderarbeit in der außerschulischen Bildung

Ökotopia Verlag, D-4400 Münster, Hafenweg 26, Tel.: (02 51) 66 10 35